物理学実験 ―応用編―

東京理科大学理学部第二部物理学教室 編

内田老鶴圃

物理学実験執筆者一覧

梅村　和夫（うめむら　かずお）
　　　東京理科大学理学部准教授
川端　潔（かわばた　きよし）
　　　東京理科大学理学部教授
小池　茂年（こいけ　しげとし）
　　　東京理科大学理学部非常勤講師
小島日出夫（こじま　ひでお）
　　　元東京理科大学理学部助教授
高野　繁男（たかの　しげお）
　　　東京理科大学理学部非常勤講師
高橋　忍（たかはし　しのぶ）
　　　東京理科大学理学部非常勤講師
趙　新為（ちょう　しんい）
　　　東京理科大学理学部教授
長嶋　泰之（ながしま　やすゆき）
　　　東京理科大学理学部教授
福地　直樹（ふくち　なおき）
　　　東京理科大学理学部非常勤講師
松野　直（まつの　なおし）
　　　東京理科大学理学部准教授
目黒多加志（めぐろ　たかし）
　　　東京理科大学理学部教授
籾内　正幸（もみうち　まさゆき）
　　　東京理科大学理学部非常勤講師
山田　武範（やまだ　たけのり）
　　　東京理科大学理学部教授

（五十音順）

はしがき

　本書は既刊の物理学実験「入門編」「基礎編」に続き，理工系学生がより専門的な実験を行うための基礎知識および計測の基礎技術に重きを置き編集したもので，「入門編」「基礎編」「応用編」で理工系学生の基礎から応用までを含む実験書としている．

　本書は東京理科大学理学部第二部物理学科3年生を対象にし，「入門編」の力学および電磁気学の基礎に関する課題，「基礎編」のより精度を必要とする力学・電磁気学実験，連続体・熱・光学などの基礎的課題，さらに実験技術としての電気回路を学ぶことに基礎を置いた課題，に続き，本書「応用編」では，より詳細な実験に展開するための計測技術や物性論基礎を幅広く学ぶための課題とした．記述に際しては，本実験課題を経験することで，卒業研究や大学院専攻研究の基礎技術となるように詳細な解説を加え，幅広く応用できるようにした．そのため，それぞれの課題における実験テーマも多く，1課題に2週を費やしても十分な内容にし，より深い理解が得られるように工夫をした．近年は計測装置の自動化が進み，どのようなプロセスで測定がなされているかブラックボックスになりがちである．その点を考慮し，本書では測定装置，測定経路，解析の過程など，できるだけ詳細にし，その後の展開に役立つようにした．なお，コンピュータによる自動制御・解析などはコンピュータやソフトウェアの進歩の早さを考慮し，実験では，その都度適宜な課題とすることにし，本書からは除いた．

　執筆に際しては，これまで永年にわたって本学科で物理学実験を担当し，学生を直接指導してきた教員が分担し，できあがった草稿を互いに繰り返し精読修正した．とはいえ，まだまだ不備な点や誤りも少なくないことと思う．大方のご指導ご叱正をお願いする次第である．

はしがき

なお，本書を上梓するにあたって，助力を惜しまれなかった株式会社内田老鶴圃の内田学社長に執筆者一同感謝申し上げる．

2010年3月

東京理科大学理学部第二部物理学教室
物理学実験担当者一同

本編の執筆者

梅村　和夫
小池　茂年
小島日出夫
高野　繁男
高橋　忍
長嶋　泰之
福地　直樹
松野　直
目黒多加志
籾内　正幸

（五十音順）

目　次

はしがき……………………………………………………………………………ⅰ

物理学実験―応用編―

1. 真 空 蒸 着……………………………………………………………………1
2. β線のエネルギーの測定…………………………………………………25
3. X線による結晶の方位決定…………………………………………………41
4. 半導体のホール効果…………………………………………………………81
5. 強磁性体の磁化測定…………………………………………………………101
6. 示差熱による相転移の検出…………………………………………………117
7. サーミスタの特性……………………………………………………………125
8. 光 の 回 折……………………………………………………………………133
9. 偏　　　光……………………………………………………………………149
10. 固体レーザー…………………………………………………………………165
11. 高温超伝導体と金属(Ni)の低温における電気抵抗………………………187
12. はんだ付けの実習と電源回路………………………………………………201
13. OPアンプと増幅回路………………………………………………………209
14. デジタル回路（論理回路）…………………………………………………221

索　引……………………………………………………………………………231

真空蒸着

目的
真空装置の原理を理解し，真空ポンプの操作を習得する．また真空蒸着により金属の薄膜を作製し，薄膜の膜厚について検討する．

1. 解　説

　真空とは，一般に容器内の気体ガスの圧力が大気圧よりも低い状態のことをいう．圧力とは，気体分子が容器の壁に衝突する際に，壁に及ぼす力を平均したものである．圧力を表す単位としては〔Pa〕または〔N/m^2〕が標準的に用いられるが，この実験で使用する計測器の一部は〔Torr〕表示となっている．

$$1\,\text{Torr} = 1\,\text{mmHg} = 133.3\,\text{Pa} = 1.36 \times 10^{-3}\,\text{atm}$$

真空度により～10^2 Pa を低真空，10^2～10^{-1} Pa を中真空，10^{-1}～10^{-5} Pa を高真空，10^{-5} Pa～を超高真空という．必要な真空度に応じた真空ポンプを使って，容器中の気体ガスの排気を行う．

　本実験では真空蒸着法により金属の薄膜を作製する．真空中において金属を加熱し，蒸発させると，基板上に一様な薄膜を形成することができる．もしこの過程で他の気体分子が存在すると，蒸発した金属粒子の飛行を妨げるだけでなく，薄膜内に不純物が入り込んだり，化合物を形成してしまう．そのため薄膜の形成には 10^{-3} Pa 以下の真空度が必要である．

気体分子

　気体は巨視的には一様な連続体と見なせるが，微視的には多数の分子が自由空間（分子同士の間には力が働かない）を飛んでいると考えられる．その分子

2　物理学実験—応用編—

数は多く，常温大気圧での分子密度は約 $3\times10^{25}/\mathrm{m}^3$ で，$10^{-4}\,\mathrm{Pa}$ 程度の低圧でも約 $3\times10^{19}/\mathrm{m}^3$ ほどである．また，その速度は非常に速く約 $500\,\mathrm{m/s}$ であることから，互いに衝突を繰り返しながら飛び回っていると考えられる．

（1）気体の圧力

質量 m の気体分子が容器の壁に速さ v_x で衝突するとき，壁の受ける力積は

$$mv_x - m(-v_x) = 2mv_x \tag{1}$$

となる．ごく短い時間 dt（この間に他の分子との衝突はないとする）に分子は $v_x dt$ 進むので，一辺が l の容器では1つの分子が衝突する回数は，$v_x dt/2l$ となる．全分子数を N とすると，力積は $Fdt = N\cdot 2mv_x\cdot(v_x dt/2l)$ となる．圧力 p は，$V = S\cdot l$ とすると，$p = F/S = (N/V)\cdot mv_x^2$ となる．温度 T にある気体分子には熱量 $(kT/2)$ が与えられ，これが分子の運動エネルギーとなる．よって，気体の状態方程式が導かれる．

$$pV = NkT = RT \tag{2}$$

ここで，N はアボガドロ数 $6.02\times10^{23}/\mathrm{mol}$，$R$ は気体定数 $8.31\,\mathrm{J/(mol\cdot K)}$ である．このように気体の圧力とは分子の運動エネルギー密度と考えられる．

（2）速度分布関数

気体の状態を表すには，多数の分子の運動を平均値として扱う必要がある．全分子数を N とすると，分子速度が v から $v+dv$ にある分子数 dN は

$$dN = Nf(v)dv \tag{3}$$

と表される．ここで，$f(v)$ は気体分子の速度分布関数という．ここで，v は全方向（3つの自由度を持つ）についての値である．

$$\frac{1}{2}mv^2 = \frac{1}{2}m(v_x^2 + v_y^2 + v_z^2) = \frac{3}{2}kT \tag{4}$$

を使って，速度分布関数

$$f(v)dv = \frac{4}{\sqrt{\pi}}\left(\frac{m}{2kT}\right)^{\frac{3}{2}} v^2 \exp\left(-\frac{mv^2}{2kT}\right)dv \tag{5}$$

を求めることができる．これは，温度 T における気体分子の速度が v から $v+dv$ にある確率を表す（これをマクスウェル-ボルツマンの分布という）．また，気体分子の速度の平均値 $\bar{v}$ は

$$\bar{v} = \int_0^\infty v f(v)\, dv = 2\sqrt{\frac{2kT}{\pi m}} = 2\sqrt{\frac{2RT}{\pi M}} \qquad (6)$$

となる．常温の空気では，約 500 m/s である．

(3) 平均自由行程

気体分子が他の分子と衝突してから，次の分子と衝突するまでに進むことのできる距離を平均自由行程という．ここで，衝突は完全弾性衝突とし，衝突までの間に力は働かないとすると等速直線運動となる．

気体分子を半径 r の球とする．この球が dt 秒間に進む間に他の分子と衝突するためには，互いの中心距離が $2r$ 以下でなければならない．つまり，半径 $2r(=d)$，長さ vdt の円筒の体積 dV 内に含まれる分子数が衝突回数 dP になるから，

$$dP = n \cdot dV = n \cdot \pi d^2 v dt \qquad (7)$$

よって，平均自由行程は

$$\lambda = \frac{vdt}{dP} = \frac{vdt}{n\pi d^2 vdt} = \frac{1}{\pi d^2 n} \qquad (8)$$

となる．この様子を図1に示す．ここでは，衝突する分子の速度を考慮していない．そこで速度 v の代わりに相対速度 v_s を用いればよく，速度分布関数を用いて求めると，$\bar{v} = \sqrt{2}\,\bar{v}_s$ となるので，平均自由行程は

$$\lambda = \frac{1}{\sqrt{2}\,\pi d^2 n} \qquad (9)$$

となる．

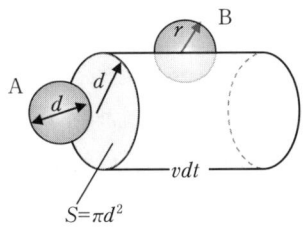

図1 分子の平均自由行程の解釈
（分子Aと分子Bが衝突する様子）

4 物理学実験―応用編―

気体分子の半径を約 10 nm とすると，10^{-2} Pa 程度の低圧で λ は約 1 m になる．

（4）壁に衝突する気体分子の数

容器の壁面に衝突する気体分子はさまざまな速度を持ち，あらゆる方角から飛んでくる．

そこで，面積 dS に到達する分子のうち，速度が v から $v+dv$ の間にあり，その方向が面の法線より θ 傾いた分子を考える．この分子密度 dn は立体角 $d\omega$ を使って，

$$dn = nf(v)dv \cdot \frac{d\omega}{4\pi} \qquad d\omega = 2\pi \sin\theta d\theta \tag{10}$$

と表される．よって，dt 秒間に面積 dS に到達する分子数は vdt を母線とする円筒に含まれる分子数なので，円筒の体積 $dS \cdot v\cos\theta \cdot dt$ を使って

$$dN = ndS \cdot vf(v)dv \frac{1}{2}\sin\theta\cos\theta d\theta dt \tag{11}$$

と表される．よって，単位時間，単位断面積当たりに衝突する分子数 Γ は

$$\Gamma = n\int_{-\infty}^{\infty} vf(v)dv \frac{1}{2}\int_0^{\pi}\sin\theta\cos\theta d\theta = \frac{1}{4}n\bar{v} \tag{12}$$

である．この値は，気体の流量などに関係してくる．

また，この値を気体の体積 Γ_V で表すと，

$$\Gamma_V = \frac{1}{4}\bar{v} = \sqrt{\frac{RT}{2\pi M}} \tag{13}$$

となる．M は分子量である．空気（$M=29$）の場合，$T=293$ K で Γ_V の値は 116 m/s である．

（5）気体の流量

大気圧においては気体の動きは一様な流体として表されるが，真空状態になると分子の移動を平均したものを分子の流れとして扱う．

導管の両端で圧力が異なる場合の分子の流量を考える．導管の面積を S，各々の圧力を $p_1, p_2 (p_1 > p_2)$ とする．通常，気体の量は pV で表されるので，気体の流量 Q もこの単位で表す．1 から 2，2 から 1 へ流れる量を各々 Q_{12}, Q_{21} とする．総合すると流量 Q は

$$Q = Q_{12} - Q_{21} = p_1 \frac{1}{4}n\bar{v}S - p_2 \frac{1}{4}n\bar{v}S = \frac{1}{4}n\bar{v}S(p_1 - p_2) \tag{14}$$

となり，気体は1から2へ流れ，流量 Q は圧力差に比例することがわかる．この比例定数 C を導管のコンダクタンスという．

真空ポンプ

（1） 油回転ポンプ（ロータリーポンプ）

0.1 Pa 以下の排気に用いられる低真空ポンプの1つである．その構造を図2に示す．円柱形のシリンダーの内部に，シリンダーに内接しながら回転する回転子がある．上部に吸入口と弁の付いた排出口があり，回転子が偏心しながら回転すると，吸入口側の A 室の容量は大きくなり，気体が流れ込む．一方，排出口側の B 室の容量は小さくなり，室内の気体は圧縮される．B 室内の圧力が外気よりも大きくなると，弁が開き気体が外部に押し出される．以上の過程を繰り返して排気する．B 室の容量を小さくして圧縮率を上げるために B 室には油が入るようになっている．

〈注意〉

油回転ポンプを停止すると，隙間からシリンダー内に油が入り込み，やがて吸入口から真空装置へと上昇する．したがって，<u>ポンプ停止後は，すぐにポンプ内に空</u>

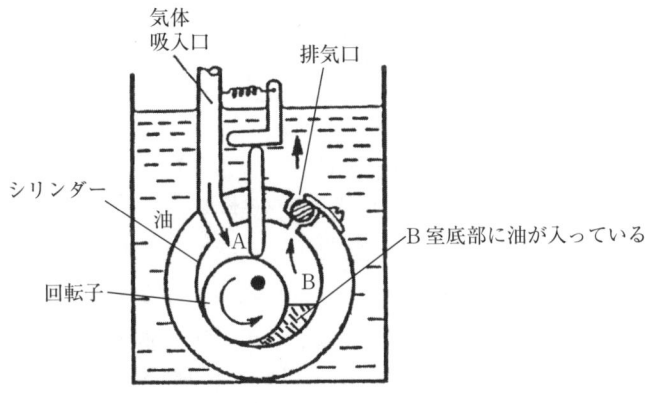

図2 ロータリーポンプの構造

気を入れ，油の上昇を防がなければならない．

（2） 油拡散ポンプ（ディフュージョンポンプ）

$0.1 \sim 10^{-5}$ Pa の範囲の排気に使う高真空ポンプの1つである．その構造を図3に示す．円筒の内部に，3段のノズルが付いた傘が組み合わされて入っている．円筒の側面に冷却ファンまたは水冷用の銅パイプが数巻き，下部にヒーターが取り付けてある．下部に溜まっている油がヒーターで加熱されると，油蒸気となり，上部ノズルから下方の壁に向かって噴き出す．加熱が十分であれば，このときの油分子の向きと速度は揃った状態となり，油蒸気は乱れのない層流となる．吸入口から拡散してきた気体分子はこの油蒸気の噴流に取り込まれる．油蒸気は冷却された外壁に衝突すると，凝縮し，液体となって壁面を伝い下部に戻る．油分子と共に下方へ移動した気体分子は排出口へ向かい，その先の低真空ポンプによって，外部へ排出される．

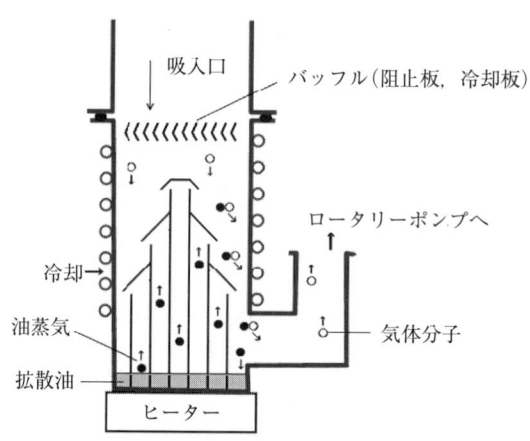

図3　油拡散ポンプの構造

〈注意〉

拡散油は，高温状態で空気に触れると酸化し劣化してしまう．また，常温でも長時間外気にさらされると，水分などを吸収してポンプの性能が落ちてしまう．したがって，ポンプを使用しない状態でも常に内部を真空状態に保たねばならない．

油蒸気が吸入口から容器内へ拡散するのを防ぐために，ノズルの先にバッフルが付けてある．さらに，吸入口付近を液体窒素で冷却することにより，ここで油分子は凝縮される．また，壁から発生する気体ガスも凝縮され，真空度を上げることができる．

（3）排気速度

真空ポンプにより単位時間当たりに排気される気体の体積を，排気速度 s $[m^3/s]$[*1] という．油回転ポンプでは排気速度はシリンダー内の容量とローターの回転速度によって決まる．油拡散ポンプでは開口部の面積 A によって決まる．気体分子の流量から

$$s = H_0 \cdot A \sqrt{\frac{RT}{2\pi M}} \qquad (15)$$

となる．ここで，H_0 は実際の効率を表す係数である．

排気により圧力は，容器内にあった気体分子数の減少に伴って減少する．低圧になると，容器の壁に付着していた分子の放出による影響が大きくなり，圧力の減少は鈍くなる．この壁からのガス発生量を Q とすると，圧力 p は

$$p = \frac{Q}{s} \qquad (16)$$

となり，気体の放出とポンプの排気速度のバランスによって決まる．dt 秒間での排出量 sdt とガス発生量 dQ の関係は

$$-dQ = p \cdot s \cdot dt \qquad (17)$$

となる．発生量の定義 $dQ = dp \cdot V$ から

$$V \cdot \frac{dp}{dt} = -p \cdot s$$

が導かれ，

$$p = p_0 \exp\left(-\frac{s}{V}t\right) \qquad (18)$$

を得る．(18)式より，圧力が時間と供に減衰していくことがわかる．ここで，p_0 は初期圧力である．実際には，真空ポンプには限界があり圧力はある一定値 p_f に落ち着くので，上式の p を $(p-p_f)$ に置き換えなければならない．ま

[*1] しばしば用いられるリットル毎秒とは $[l/s] = 10^{-3} m^3/s$ である．

た，p_f に達するまでの時間 τ は，p_0 の $1/e$ になるまでの時間，すなわち

$$\tau = \frac{V}{s} \tag{19}$$

となる．τ は，油回転ポンプでは数秒，油拡散ポンプでは 1 秒以内となるはずであるが，実際には数分，1 時間とかかる．これは，導管のコンダクタンスやガス発生量がゆっくりであるためである．

真空度の測定

気体の圧力は分子密度 n と温度 T によって次のように表される．

$$p = nkT \tag{20}$$

真空計には，直接圧力を測定するマノメータ，状態方程式を応用したマクラウド真空計，熱伝導が圧力に比例することを利用した熱伝導計，気体の分子密度を測定する電離真空計などがある．

（1） **熱伝導真空計**

10^{-1} Pa 以下の低真空領域での測定には熱伝導真空計を用いる．

本実験では抵抗線と熱電対を組み合わせた，サーモカップルゲージを使う．熱伝導真空計は他にも，金属抵抗を利用したピラニー真空計，サーミスタを利用したサーミスタ真空計などがある．

通常，熱量の流れは温度勾配に比例するが，低圧ではこの関係は成り立たなくなり，気体分子が熱エネルギーを運ぶと考えられる．分子は衝突した場所の温度に比例した熱エネルギーを持ち，その後の移動によってエネルギーが運ばれる．よって上式より，熱伝導は圧力よって変化することがわかる．

定電流型では，フィラメントに一定電流を流し，その温度変化から圧力変化を検出する．フィラメントに定電流 I を流すと，ジュール熱が発生するが，これは気体分子への熱伝導により失われる．

$$I_0^2 R = kp(T - T_0) \qquad \left(R = R_0 \frac{T}{T_0} \right) \tag{21}$$

ここで，$(T-T_0)$ は温度変化を表し，抵抗は温度に比例するとした．この式を p で微分し温度変化を求めると，

$$\frac{dT}{dp} = -\frac{k(T-T_0)}{kp - \dfrac{I_0^2 R}{T_0}} \tag{22}$$

となり，温度は圧力の変化によって変わることがわかる．

この真空計では，フィラメント焼損の危険性は少ないが，出力が圧力に比例しないことや，フィラメントの状態により気体分子との熱交換効率が異なり感度が変わるなどの理由から，精密な測定には不向きである．

(2) 熱陰極電離真空計

10^{-2} Pa 以上の高真空領域での測定には熱陰極電離真空計を用いる．

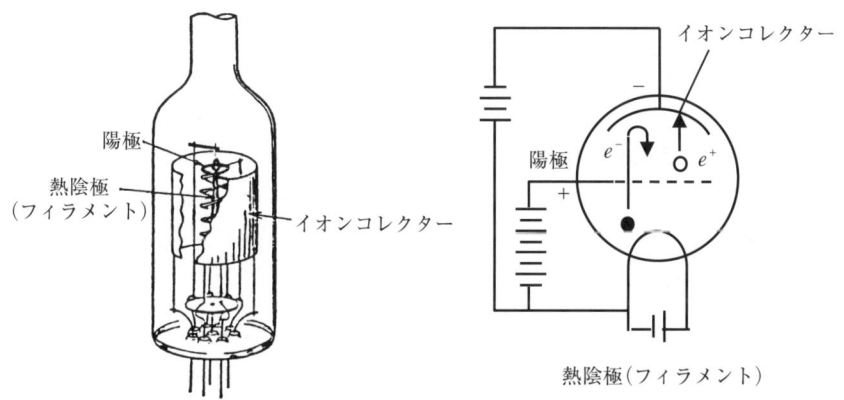

図4 熱陰極電離真空計管球の構造と原理

熱陰極（フィラメント）から飛び出した電子は加速されて陽極（グリッド）へ向かう．この間に電子が気体分子と衝突すると，気体分子は電離されイオンとなり，イオンコレクターへ集まる．このイオンコレクターに流れ込む電流 I_i を測定することにより圧力が求められる．

電離されるイオン数 N^+ は，飛び出す電子数 N_e に比例する．

$$N^+ = N_e n \sigma L \tag{23}$$

ここで，L は陽極までの距離，σ は衝突断面積と呼ばれるもので，電子のエネ

ルギーや分子の種類によって異なる．電子電流を I_e とすると，測定されるイオン電流 I_i は

$$I_i = N^+ e = I_e \frac{p}{kT} \sigma L = \frac{\sigma L}{kT} I_e p \tag{24}$$

となり，圧力に比例することがわかる．

この真空計は精度がよいが，圧力が高い所で動作させるとフィラメントが焼損する恐れがあること，また，気体分子の種類による違いを考慮していないなどの欠点もある．

真空蒸着

真空蒸着法では，真空中でヒーターを用いて試料を加熱・溶解し，蒸発させ，これを基板面に付着させて薄膜を作る．この方法は，装置が簡単で，さまざまな金属に適応できる利点がある一方，形成した薄膜と基板の接着が弱く，構造の再現性に乏しいなどの欠点がある．また，ヒーターを加熱することにより，この蒸気が薄膜中に不純物として混入することが考えられる．また，膜の純度と形態は真空度，蒸着速度，基板の温度や表面によって決まる．

（1）抵抗加熱法

試料の加熱には抵抗加熱法を用いる．これは，抵抗線に電流を流し発生したジュール熱を利用する．この抵抗線に取り付けられた試料は融解し蒸発する．抵抗線にはタングステン，タンタル，モリブデンなどの融点が高く，蒸気圧の低い材料が選ばれる．また，抵抗線と試料が化合しないように組み合わせを考慮する必要がある．

らせん型

コニカルバスケット型
（アルミナコートの場合もある）
最下部で熔けたアルミが止まるようにする

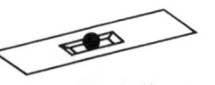
ボート型

クヌーセン型

図5　抵抗加熱法のためのヒーターの形状

抵抗線は試料の形状や種類により，適当な加工をして用いる（図5参照）．試料が線の場合はらせん型やコニカルバスケット型を使う．これは抵抗線の加工が容易であるが，全空間に蒸発するので効率が悪いといえる．ボート型は試料の形状によらず用いることができる．蒸着は上方に限られ，加熱に必要な電流も大きくなる．試料が粉末の場合はクヌーセン型を使う．排気や加熱で試料が飛び出さないように箱型になっている．蒸発が点源となるように出口の面積を小さくしてある．試料が金属線と合金を形成しやすい場合は，るつぼを使う．これはアルミナなどの酸化物にヒーターを巻いたものである．しかし，るつぼからガスが発生するので超高真空の場合は使えない．

（2）蒸発源

試料（蒸発源）が1点から蒸発する場合を考える．このとき，蒸発の方向に偏りがないとすると，蒸気は球形に広がる．蒸発した全質量を m とすると，基板面 dS が蒸発源から距離 r にあり，面の法線方向が θ 傾いている場合，ここに蒸着する質量 dm は

$$dm = s \cdot m \frac{\cos\theta dS}{4\pi r^2} \tag{25}$$

となる．ここで，s は基板面に到達した分子のうち面に吸着される割合を表す．よって，蒸発源からの位置により膜厚が異なると考えられる．蒸発源からの垂直距離を h とすると，単位面積当たりに蒸着される質量 m_θ は

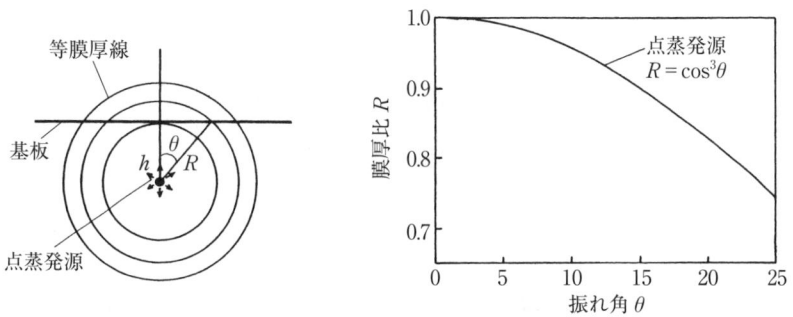

図6　点蒸発源からの距離に対する膜厚比の関係

****12**** 物理学実験―応用編―

$$m_\theta = s\frac{m\cos\theta}{4\pi(h/\cos\theta)^2} = s\frac{m}{4\pi h}\cos^3\theta \tag{26}$$

となる．この関係を図 6 に示す．

膜厚の測定

蒸着した薄膜は微視的には表面の凹凸などがあるが，巨視的には一様なものとして扱う．膜厚の測定には，質量測定法や電気的な電気抵抗法，光学的な干渉法などがある．

（1） 質量測定法

薄膜を基板からはがし，精度のよい天秤で質量を測定する．

（2） 電気抵抗法

薄膜の両端に電極を取り付け，ホイートストンブリッジで抵抗を測定する．膜の長さ幅の測定から膜厚を計算する．

（3） 干 渉 法

図 7 に示すように蒸着膜に角度 α で入射した光は，膜の表面で反射光と屈折光に分かれる．屈折光は角度 β で屈折し膜中を進み，膜の底面で反射と屈折に分かれる．この底面で反射した屈折光が再び膜の表面から出るまでに進む距離は，膜厚を t とすると，

$$\frac{2t}{\cos\beta} \cdot n \tag{27}$$

となる．ここで，n は屈折率を示し，次式の関係がある．

$$n = \frac{\sin\alpha}{\sin\beta} \tag{28}$$

一方，この間に膜表面で反射した光が進む距離は

$$2t\tan\beta\sin\alpha \tag{29}$$

となるので，光路差 Δl は

$$\Delta l = \frac{2t}{\cos\beta}\cdot n - 2t\tan\beta\sin\alpha = 2t\sqrt{n^2 - \sin^2\alpha} \tag{30}$$

となる．ただし，$n>1$ の場合，表面での反射光は位相が π だけずれるが，薄膜内での上下面では位相がずれない（ただし，薄膜基板の屈折率は膜の屈折率

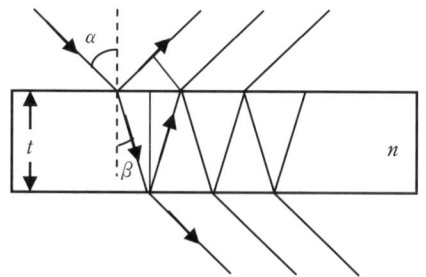

図7 薄膜中の光の繰り返し干渉

n より小さいとする).この2つの光は干渉し,光路差が波長の整数倍ならば強めあい,半波長の奇数倍ならば弱めあう.そこで,2つの波の実効行路差を Δl_eff とすると

$$\left.\begin{array}{l}\Delta l_\mathrm{eff}=\Delta l-\dfrac{\lambda}{2}=2k\dfrac{\lambda}{2}\to\Delta l=(2k+1)\dfrac{\lambda}{2}\quad 強めあう\\[2mm]\Delta l_\mathrm{eff}=\Delta l-\dfrac{\lambda}{2}=(2k-1)\dfrac{\lambda}{2}\to\Delta l=2k\dfrac{\lambda}{2}\quad 弱めあう\end{array}\right\} \tag{31}$$

この干渉縞の間隔から膜厚 t が求められる.

図8に示すように,基板上に蒸着膜を形成した場合は,厚みに段差ができるためその境界面で干渉縞のずれが生じる.

$$t=\frac{\Delta l}{l}\cdot\frac{\lambda}{2} \tag{32}$$

このずれの割合を測定することにより,膜厚 t を求めることができる(図8).

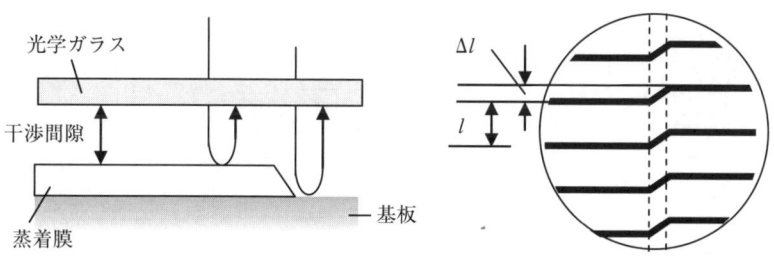

図8 干渉計による膜厚測定法

2. 実　　験

実験課題

（1）　油回転ポンプ，油拡散ポンプの原理を理解し，真空技術に習熟する．

（2）　繰り返し干渉顕微鏡の操作および，PCによる画像データの処理法および膜厚の算出方法を学ぶ．

（3）　真空蒸着法によりAlの薄膜を作製し，膜厚と蒸発源からの距離の関係をまとめ，(26)式について検討する．

実験装置と実験手順

　真　空　装　置

　図9に実験で用いる真空蒸着の概略を示す．左図は，低真空状態での油回転

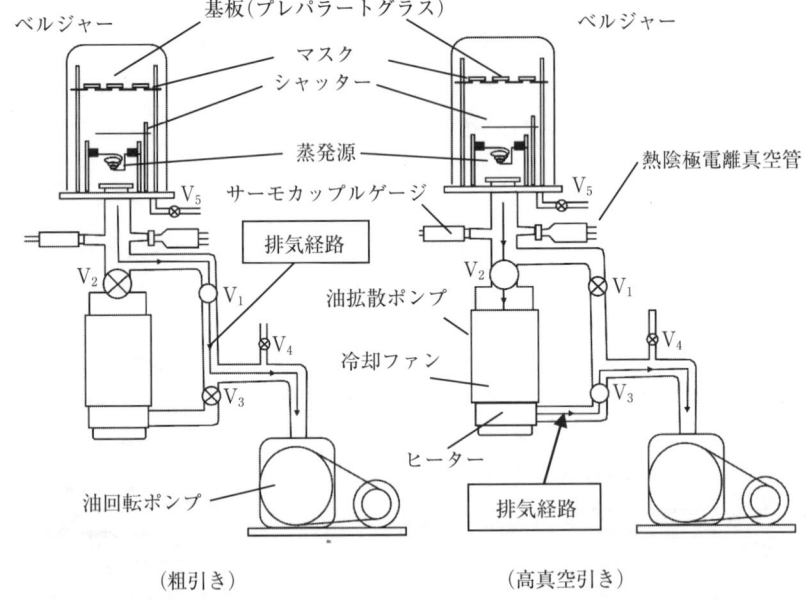

図9　真空排気経路（V_1〜V_5のバルブの，○は開，⊗は閉の状態を指す）

ポンプ（RP：Rotary Pump）による粗引き状態の排気経路．右図は，高真空状態で，油拡散ポンプ（DP：Diffusion Pump）と油回転ポンプ併用時の排気経路を示す．油拡散ポンプ内に常圧の空気が流れ込むと，破損を引き起こすことがあるので十分に注意が必要である．したがって，真空槽をリークする場合はバルブ操作によって，真空槽と真空ポンプの間を閉じること．また，真空槽の排気の際は，油回転ポンプで粗引きを行ってから，油拡散ポンプを使用すること．

バルブは $V_1 \sim V_5$ まで5つある．それぞれの名称および機能を以下にまとめる．

V_1：粗引きバルブ．真空槽と RP を直接結ぶバルブ．DP を使う前に真空槽を RP で排気するときに使う．

V_2：高真空バルブ．真空槽と DP を結ぶバルブ．V_1 バルブと同時には開けない．

V_3：補助バルブ．DP と RP を結ぶバルブ．DP 使用時には必ずここを開く．また，DP 始動時や冷却時にも開く．

V_4：RP リークバルブ．真空ポンプ使用前に閉じる．RP 停止直後に必ず開ける．

V_5：真空槽リークバルブ．真空槽を開くときに使う．このとき V_2，V_1 が閉まっていることを確認する．

蒸着装置構成

図10は本実験で用いる蒸着装置のガラス基板取り付け台の全景と構成を示している．(25)式に従えば，蒸発源から基板までの距離を r とすると，基板に蒸着する膜厚は r^{-2} に比例することになる．これを検証するために，装置は，同じ真空状況で，同じ蒸発源から蒸発する Al 分子を種々の距離で受け，その膜厚を計測できるように工夫している．装置は，中心 O の真下に蒸発源が位置する構成になっている．蒸発源からの距離 r_i は中心から基板中心までの水平距離 x_i と基板から蒸発源までの垂直距離 h_i を測定し，次式より求める．具体的には，蒸着終了後，基板取り付け台の中心棒（直径2mm程度の穴があい

ている）に細い棒を蒸発源まで下ろし，その状態で固定し基準点を作る．次に基板取り付け台を外し，棒の先端から各基板ホルダーまでの距離 h_i を計測する．

$$r_i = \sqrt{h_i^2 + x_i^2} \tag{33}$$

本実験では膜厚の測定に繰り返し干渉計を用いることは先に説明した．この装置は繰り返し干渉を用いるため，測定の精度は向上するが，測定する膜と基板との間で反射率が極端に異なると，反射率の小さいほうの像が見えにくくなる欠点を持つ．その点を解決するために，本実験では基板とするガラスに同じ Al の薄い膜を前もって蒸着しておき，それを図 10 に示した基板取り付け台にセットすることにしている．そのための予備蒸着用基板台が図 11 である．

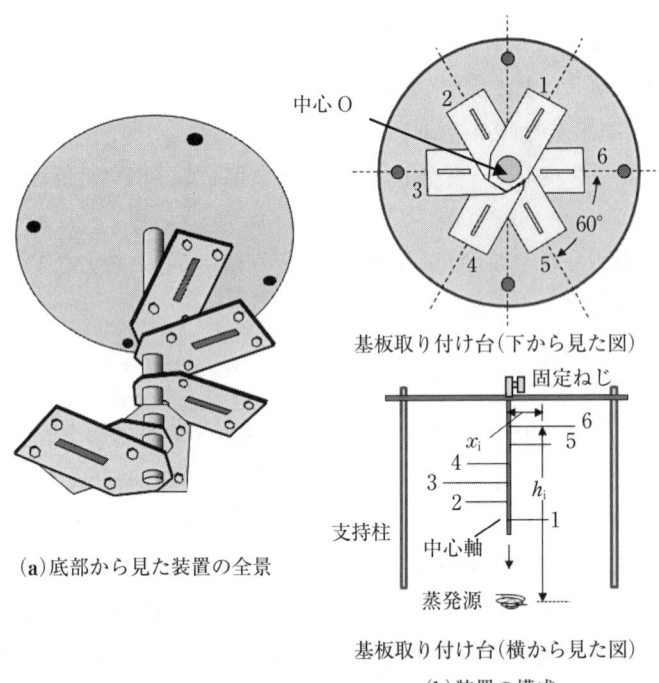

(a) 底部から見た装置の全景

基板取り付け台（下から見た図）

(b) 装置の構成

基板取り付け台（横から見た図）

図 10 ガラス基板取り付け台

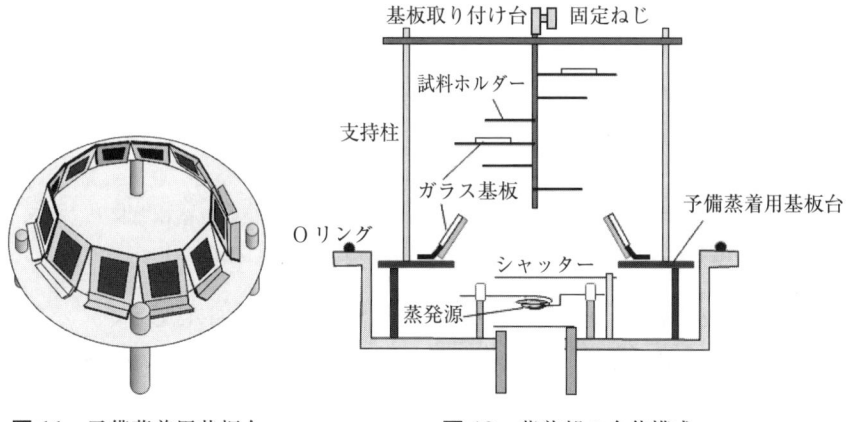

図11 予備蒸着用基板台　　　　**図12** 蒸着部の全体構成

　図10，図11の装置を組み立てた蒸着部の全体構成を図12に示す．このようにすることによって蒸着行程をできる限り簡潔にしている．図10，図11の装置は常に分解ができるので，順序よく測定し，組み立てを完了することが大切である．予備蒸着用基板台で蒸着された基板は，次回の測定用基板となるので，傷を付けないように扱いには十分注意すること．

操作手順

（1）　真空ポンプの始動

・RPの始動：V_1（粗引きバルブ），V_2（高真空バルブ），V_4（リークバルブ）を閉め，RPの電源をONにする．

・DPの始動：V_3を開き，DP内部をRPで排気する．冷却ファンのスイッチをONにしてから，DPの電源をONにする．

〈注意〉

　冷却をせずに加熱をすると，装置全体に油蒸気が拡散し油汚染したり，拡散ポンプ壁面への焼付きなどの障害を起こす原因となる（DPの油がヒーター加熱によって油蒸気となり動作可能となるまで30分ほどかかるので，この間に真空槽内に試料をセットする）．

(2) 試料のセッティング
- リークバルブ V_5 を開く．
- ベルジャー（真空槽のベル形の蓋の部分）を静かに持ち上げて外し，<u>横向きに置く</u>．

〈注意〉
　ベルジャーを下向きに置いてはいけない．ベルジャーの縁は真空槽と接しており，ここを傷つけると真空漏れの原因となり真空度が上がらなくなる．

- ガラス基板はホルダーのくぼみの大きさに合わせてカットしておく．
- タングステン線を備えてある治具に巻き付けてコニカルバスケット型（図5左から2番目の形状）のるつぼを作る．底側の線は図のように折り曲げ左右の高さがほぼ等しくなるように作る．バスケットが完成したら，電子天秤でその質量を計測する．その後，電極にしっかり挟む．
- ガラスの蒸着面側の汚れや指紋を，アルコールを湿した綿棒や紙製の布でよく拭き取る．ガラス面に残ったわずかな汚れが蒸着膜の形成を妨げるので，十分に拭き取ること．超音波洗浄も効果的なので，時間に余裕があるときは指導者に相談し超音波洗浄を行う．
- 所定の位置の基板ホルダーの窪みにガラス基板を配置する．
- 長さ60 mm程度のAl線をできるだけ球状になるように巻いて小さな塊を作り，電子天秤でその質量を計測した後，コニカルバスケットに入れる．
- ホルダーの下にあるシャッターは，バスケットと基板の間に割り込むように，挿入し，蒸着開始時のみ開く（理由は考えること）．
- ベルジャーを静かに被せる．このとき，Oリングを傷つけないように気をつけること．また，Oリングに極めて薄く真空グリースを<u>塗っておくとよい</u>．
- V_5 を閉じる．

(3) 真空槽の排気
- V_3 を閉めてから，V_1 を開け，RPで粗引きをする．
真空計で確認しながら，10 Pa以下になるまで排気する．

⟨注意⟩
　このとき，V_3 を閉じることで一時的に DP から RP が切り離されるが，短時間であれば問題ない．真空度が上がらない場合は，一度 V_1 を閉め，V_3 を開けること．

・10 Pa 以下になったら，V_1 を閉じてから，V_2，V_3 を開ける．DP で本引きをする．

　蒸着を行うには 10^{-4} Pa 程度の真空度が必要である．電離真空計で真空度を確認する．目的の真空度に達するための時間は約 1 時間かかる．

・なお，真空度が 10^{-3} Pa 程度で変化が鈍くなったら，液体窒素トラップに液体窒素を入れてさらに真空度を上げること．

　（4）蒸　　着
・十分な真空度になったら，蒸着を行う．蒸着開始前の真空度を記録する．
・電極につながれた電源スライダックのつまみが 0 A（左一杯）になっていることを確認してから，電源を ON にする．
・タングステン線が赤熱していく様子を見ながら，電圧を段階的にゆっくり上げる．この段階で真空度の値が極端に下がったら，電圧をそのままにして真空度の値がよくなるまで待ち，この操作を繰り返しながらヒーターの加熱を続ける．
・Al の小塊が溶けて蒸発し始めたら，シャッターを開きスライドガラスに蒸着を開始する．
・Al が十分に蒸着したら，シャッターを閉じ，電圧を下げ，電源を OFF にする．
・蒸着後は必ず電離真空計を OFF にすること．薄膜試料，ヒーターなどの温度が下がるまでリークをしないこと．少なくとも 5 分間はリークをしてはいけない．

　（5）試料の取り出しと真空槽の清掃
・蒸着後数分経った後，V_2 を閉めてから，リークバルブ V_5 を開け，ベルジャーを静かに開ける．
・それぞれのガラス板の上側で中心軸に近い方に，油性ペンなどで小さな目印

を付けた後，蒸着面を傷つけないように，ガラス板を注意深く取り出す．
- 中心軸に細い棒を通して蒸発源まで下ろし，棒を固定する．
- ガラス基板取り付け台（図10）および予備蒸着用基板台（図11）を外す．
- ヒーターを取り外す．
- 真空槽内やベルジャーについたAl膜を，アルコールを湿したガーゼなどで拭き取る．
- ベルジャーを被せ，V_5を閉じる．

（6） 真空槽内の予備排気

手順（3）と同様の手順で行う．ただし，真空度は10^{-2} Pa 程度でよい．

（7） 真空ポンプの停止

- DPの停止．V_2を閉じ，DPの電源をOFFにする．このとき，V_3はまだ開いている．DPが十分冷却するまで，冷却ファンはつけておく．30分ほどかかる．
- DPの下部が手で触れる程度まで冷えたら，V_3を閉じ，DPの電源をOFFにする．冷却ファンもOFFにしてよい．
- RPの停止．すべてのバルブが閉まっていることを確認する．RPの電源をOFFにした直後に，リークバルブV_4を開ける．

膜厚の測定

膜厚の計測には繰り返し反射干渉計を用いる．この方法は，通常の干渉計の計測と違い，光学的平行平面基板（オプティカルフラット）を蒸着面上に直接載せ，試料とオプティカルフラットとの間の繰り返し反射による干渉縞を基に膜厚を求める．光源の波長は水銀灯の546.1 nm を用いる．図13に試料の取り付け部分を示す．蒸着面にオプティカルフラットを載せるときは細心の注意を払い，載せた後オプティカルフラットをずらさないようにする．本装置にはCCDカメラを装備し画像をPCに転送している．PC画面を見ながら干渉縞の目的の場所を選び，撮影をする．画像データはUSBメモリに保存し，必要に応じてプリントし解析をする．

繰り返し干渉計を扱うときは，装備の取扱説明書をよく読み，担当者の指導

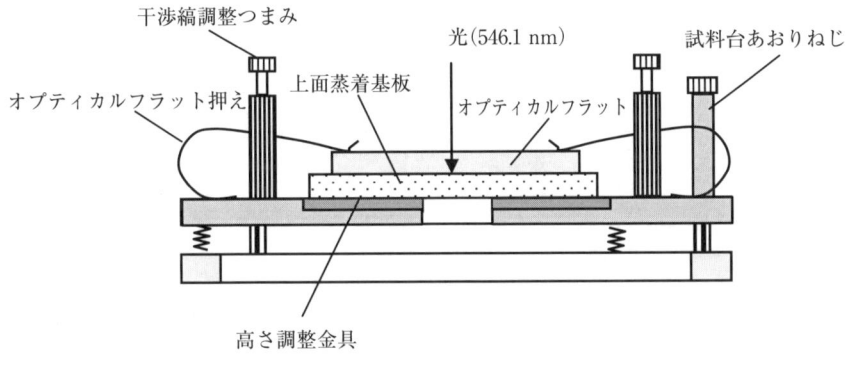

図 13　干渉計用試料台

のもとに行うこと．とくに光源の扱いには十分配慮し，事故の起こらないように注意しなさい．

3. 解析と考察

（1）　測定を始める前に実験手順で述べたバルブ操作が各々どのような意味を持つのか整理しなさい．

（2）　実　験　例

図 10 および(33)式では，蒸発源から 6 枚の各試料ホルダーまでの垂直距離 h_i と基板中央までの距離 x_i を求め，距離 r_i を求める方法を示したが，十分に時間が取れない場合，簡易的に，中心に固定した細い棒の先端と個々のスリット間の距離を，適度な長さの補助棒を使って距離を決め，その距離を測定してもよい．図 14 は，簡易的方法で求めた蒸発源からの距離の二乗の逆数に対して蒸着膜厚をプロットしている．

図 14 からわかるように蒸着膜厚は蒸発源から基板までの距離の二乗の逆数に比例していることがわかる．一方，(25)式の左辺を

$$dm = \rho t dS$$

表1 測定結果（蒸着膜の厚さ t と蒸発源からの距離 r）

r_i [m]	$1/r^2$ [1/m²]	t [nm]
0.0707	200.1	46.4
0.0892	125.7	30.0
0.1082	85.4	16.4
0.1276	61.4	8.2
0.1471	46.2	5.5
0.1667	36.0	2.7

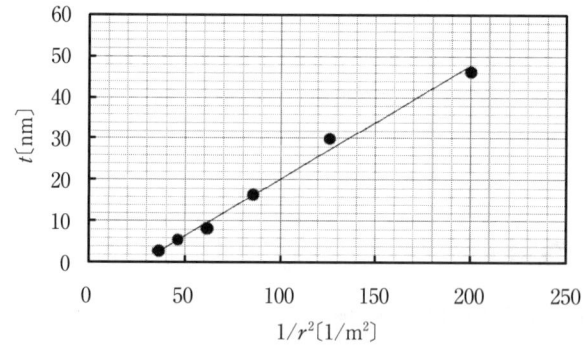

図14 蒸発源からの距離の二乗の逆数 $(1/r^2)$ と蒸着膜厚 (t) の関係

と解釈し，書き換えると，

$$\rho t dS = \frac{s \cdot m \cdot \cos\theta \cdot dS}{4\pi r^2}$$

$$t = \frac{s \cdot m}{4\pi \rho} \cdot \frac{\cos\theta}{r^2} \tag{34}$$

を得る．ここで，ρ はアルミニウムの密度，t は蒸着膜の厚さである．(34)式より蒸着膜厚 t が $(1/r^2)$ に比例することが示され実験結果と一致する．しかし，正確には蒸着膜厚を求めた位置での，蒸発源からの距離を求め，また厳密には $r_1 \sim r_6$ では計測位置を考慮して，中心軸からの振れ角 θ による補正も加

えなければ(34)式との完全な一致にはならない．それには，先にガラス板に付けた目印から試料の配置を考え，距離を求めた位置に近い部分の膜厚を求めるように十分配慮しなければならない．

（3） 蒸着後のバスケットの質量を計測し，その値を先に求めた蒸発前のAl＋W（バスケット）の質量から差し引き，正味のAlの蒸発量を求めなさい．求めた量のAlが図6で示される点源から球状に飛散し分布したとして，それぞれの基板の位置での膜厚を算出しなさい．

（4） 膜厚の測定結果と（3）の計算結果を比較検討しなさい．

（5） 真空蒸着において，ある程度以上の真空度が必要となる理由を挙げなさい．

（6） 真空蒸着以外の蒸着法を1つあげ，その特徴を述べなさい．

2 β線のエネルギーの測定

目的

放射性同位元素から放出されるβ線を，ガイガー−ミューラー計数管（Geiger-Müller counter：GM計数管）で検出し，吸収板を用いβ線の最大エネルギーを求める．

1. 解　説

GM計数管の構造と動作原理

　図1に，代表的なGM計数管の構造を示す．金属円筒Dの内部には，アルゴンガス（～10^4 Pa）とエチルアルコールの混合ガス（～10^3 Pa）が封入され，円筒の中心軸には細いタングステン線からなる芯線Eが張られている．外部円筒Bの左端は，ベリリウム，アルミニウム，または，雲母などのような，密度の小さい薄い膜Aでふさがれ，放射線の入射窓となっている．芯線Eと円筒Dの間には高電圧をかけ，芯線Eは陽極，円筒Dは陰極となっている．

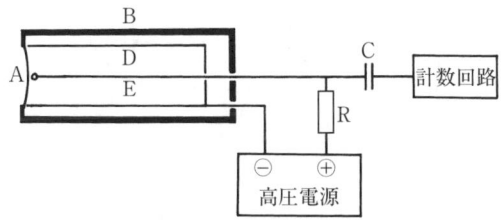

図1　GM計数管の構造
A：薄窓（雲母またはアルミニウム），B：ガラス円筒，
D：金属円筒，E：タングステン細線

窓から入射した1個の放射線（粒子）は，混合ガスの分子をイオン化（1次電離）し，正イオンと電子の粒子対を生成する．この1対のイオン対ができるときには，粒子は数 10 eV のエネルギーを失う．入射粒子はこの過程を繰り返しながら徐々にエネルギーを失い，やがて消滅する．電離によって生成された電子は，円筒内の電場によって加速され，周囲の分子と衝突して新たなイオン対を生成する．これを繰り返すと雪崩現象が起こり，陽極に大きな電流パルスが発生する．これをさらに電圧パルスに変換し，増幅して計数回路で計測する．一方，電離によって生成されたアルゴンイオンは陰極円筒に向かって移動するが，そこでは中和されてアルコール分子だけが残る．このような型の GM 計数管を，自己消滅型 GM 管と呼ぶ．この他に，外部消滅型 GM 管もある．

プラトー

GM 計数管に一定の強度の放射線を入射したときの計数率（単位時間当たりのカウント数）を，計数管に印加した電圧に対してプロットしたのが図2である．計数装置が最初にパルスをカウントする最低の電圧（開始電圧）に続いて，計数率が急激に高まり，続いて電圧にほとんど依存しないプラトー領域が観測される．計数管の電圧は，このプラトー領域に設定すると，安定な計測を行うことができる．通常使用する電圧は，プラトー領域が始まる電圧からプラトーの3分の1程度入り込んだ値に設定される（使用電圧）．電圧をさらに高

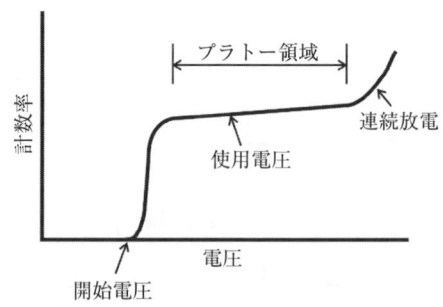

図2　GM 計数管の電圧特性

くしてプラトー領域を過ぎると，GM計数管内は連続放電状態となり，計数管の破損を引き起こすので注意が必要である．

実際のプラトーにはわずかな傾斜がある．計数率の電圧100 V当たりの増加の割合をプラトーの傾斜といい，GM計数管の良否を判断する1つの目安になっている．使用するGM計数管のプラトー領域の幅や最小電圧は，気体の性質によって異なるから，実験前に必ず調べておかなければならない．

偽計数，不感時間，分解時間，回復時間

プラトー傾斜が見られる原因の1つは，アルコールイオンの中和機構の不良である．その結果，擬似パルスが加わり，見かけ上計数率が増大することになる．擬似パルスによる計数を偽計数と呼ぶ．この他に偽計数が起きる原因には，GM計数管の電極間の絶縁不良や，計数回路の不良によるものがある．

1つの入射粒子に起因して生じるすべての電子は，10^{-6}秒以内に芯線Eに到達するが，正イオンが陰極に達するには約10^{-4}秒を要する．このためGM計数管の出力は，速い立ち上がりとそれに続く緩やかな立ち上がりからなる．

1つの入射粒子によって電子雪崩が生じると，図3に示すように電圧の鋭い立ち上がりを作り，芯線の電荷がリーク（漏洩）するとゆっくり零に戻る．一

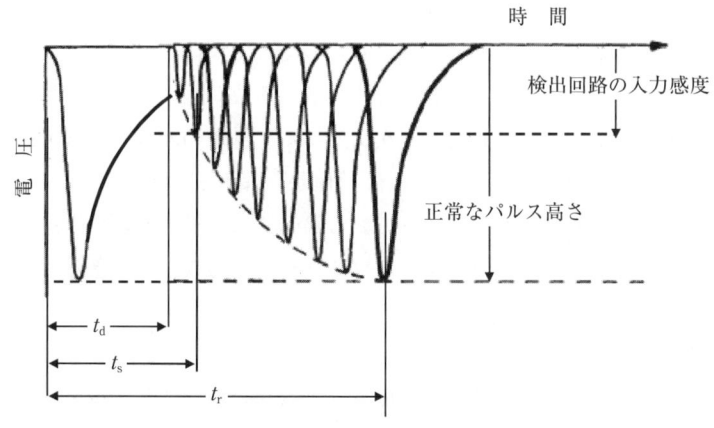

図3 パルス高さとパルス間隔の関係

方，陽極の芯線の周りには正イオンのさやが生じ，さやと芯線との間の電圧は，電流パルスを作るのに必要な最小電圧以下となる．このイオンのさやが芯線から遠くに去るまでの間は，計数管は他の入射粒子に対して不感応状態になる．この時間を不感時間 t_d といい，10^{-4} 秒程度である．不感時間内に飛び込んだ粒子は数え落とされ，不感時間以上に経過すると，粒子の入射に伴って発生する電流パルスは大きくなっていく．入射粒子の数が多いときは図3に示されるように多くのパルス波形の重なりとなる．パルスを記録するのに必要な波高を超えるまでに要する経過時間を，装置の分解時間 t_s，正常なパルス高さまでの回復の時間を回復時間 t_r と呼び，$\sim 2 \times 10^{-4}$ 秒程度である．分解時間を t_s，計数率の実測値を n とすると，数え落としのない本来の値 n_0 は次式で表される．

$$n_0 = \frac{n}{1 - nt_s} \tag{1}$$

(1)式を使って分解時間 t_s を実験的に求めることができる．

自然計数

　線源を置かない状態でも，GM管は宇宙線などのわずかな放射線に応答する．これを自然計数と呼ぶ．放射線の測定では，実際の計測値からこの自然計数を差し引いて正確な値を求めなければならない．その意味から自然計数をバックグラウンドという．弱い放射線測定の場合では，バックグラウンドは測定の妨げとなる．そのため，試料から放出される放射線のみが計測されるように，装置全体を鉛板で遮蔽したり，次に述べる「計数の統計」を考慮して，精度の高い自然計数値を求め，実際の計数値から差し引いたりする．さらにまた，同時に複数の放射線が放出されている場合には，複数個の検出器を用いて同時計数を行うことによりバックグラウンドを下げることができる．

計数の統計

　試料（線源）からの放射線の放出はランダムな現象であり，検出装置による計数は，統計的不確実さを常に含んでいる．すなわち，同じ計測を繰り返し

行っても計測値は一定の値とならず，ある値を中心としてばらつくことになる．このばらつきの様子は，カウント数が大きいと，次に示すように，ガウス分布となって観測される．

同種の放射性同位元素の原子が M 個あるとする．この原子1個が，単位時間内に崩壊する確率を p としよう．そうすると単位時間に M 個の原子のうち N 個だけが崩壊する確率 $P(N)$ は

$$P(N) = \frac{M!}{(M-N)!N!} p^N (1-p)^{M-N} \qquad (2)$$

となる．M 個の原子全体を見たとき，単位時間に崩壊する原子数の期待値を ν とすれば，$\nu = Mp$ であるから，(2)式の p に代入して

$$P(N) = \frac{M!}{(M-N)!N!} \left(\frac{\nu}{M}\right)^N \left(1-\frac{\nu}{M}\right)^{M-N}$$

となる．われわれが用いる線源では，半減期は1秒よりもはるかに長いから $p \ll 1$, $\nu \ll M$ であり，$N \ll M$ 以外の N に対しては $P(N)=0$ であると考えてよい．したがって

$$P(N) = \frac{M(M-1)(M-2)\cdots(M-N+1)}{N!} \left(\frac{\nu}{M}\right)^N \left(1-\frac{\nu}{M}\right)^{M-N}$$

$$\approx \frac{M^N}{N!}\left(\frac{\nu}{M}\right)^N\left(1-\frac{\nu}{M}\right)^M = \frac{\nu^N}{N!}\left(1-\frac{\nu}{M}\right)^M$$

となる．M は1よりも極めて大きな数だから

$$P(N) \approx \frac{\nu^N}{N!} e^{-\nu} \qquad (3)$$

となる．これをポアソン分布という．N の平均値は

$$\bar{N} = \sum_{N=0}^{\infty} NP(N) = \sum_{N=0}^{\infty} \frac{\nu^N}{(N-1)!} e^{-\nu}$$

$$= \nu\left(\sum_{N=0}^{\infty} \frac{\nu^{N-1}}{(N-1)!}\right) e^{-\nu} = \nu e^{\nu} e^{-\nu} = \nu$$

であり，標準偏差 σ の二乗は

$$\sigma^2 = \overline{(N-\bar{N})^2} = \sum_{N=0}^{\infty} (N-\bar{N})^2 P(N) = \bar{N}$$

となる．ポアソン分布は，$N \gg 1$ の場合ではガウス分布

$$P(N) = \frac{1}{\sigma\sqrt{2\pi}} \exp\left(-\frac{(N-\bar{N})^2}{2\sigma^2}\right) \tag{4}$$

で近似される．N を測定すれば，68% が $(\bar{N}-\sigma)<N<(\bar{N}+\sigma)$ の範囲に収まる．これを簡単のために

$$N \pm \sqrt{N}$$

と書くことが多い．相対標準偏差 σ_T は

$$\sigma_T = \frac{\sqrt{N}}{N} = \frac{1}{\sqrt{N}}$$

となる．たとえば，相対標準偏差 1% 以内の計数値を期待するためには，1 回の計数で 10000 カウント以上計測しなければならない．計数率は単位時間当たりの計数値であり，これを n とし，時間 T にカウント数 N が得られたとすれば

$$n = \frac{N}{T}$$

であるから，計数率の標準偏差は $\sqrt{N}/T$ となり，計数率の結果は

$$n = \frac{N}{T} \pm \frac{\sqrt{N}}{T} \tag{5}$$

となる．N は T に比例するから，計数率の標準偏差は $\sqrt{T}$ に反比例し，測定時間を長くすれば，統計精度の高い計数率が得られることになる．

2 線源法による分解時間 t_s の測定

　自然計数率 n_b を決定した後，分解時間 t_s を決定する．ここで用いる 2 線源法とは，ほぼ同一の放射能を持つ 2 個の線源を用意し，1 個ずつ独立に計測して得られるそれぞれの計数率の和と，2 個同時に計測したときの計数率との差から，数え落としを見積もる方法である．計測は以下に述べる手順で行う．初めに線源が封じ込まれた 2 個の半円盤のうち，半円盤線源 1 を線源用棚に入れ，その数率 n_1 を計測する．次に，同一形状の線源 2 を 1 と並べて置き，その計数率 n_{12} を計測する．最後に線源 1 を取り除き，線源 2 のみの計数率を計測する．これらの間には次の関係がある．

$$\frac{n_1}{1-n_1 t_s}+\frac{n_2}{1-n_2 t_s}=\frac{n_{12}}{1-n_{12} t_s}+\frac{n_b}{1-n_b t_s} \tag{6}$$

ここで，n_b は自然計数率（線源を置かない場合の計数率）である．計数率 n_1, n_2, n_{12} がそれぞれ 100 cps（cps は count/s の略）程度とすると，t_s が 10^{-4} s 程度ならばどの場合も $nt_s \ll 1$ であり，（6）式は近似的に

$$n_1(1+n_1 t_s)+n_2(1+n_2 t_s)=n_{12}(1+n_{12} t_s)+n_b(1+n_b t_s)$$

としてよい．さらに，$n_b{}^2 t_s$ を無視すれば，t_s について次のように整理できる．

$$t_s=\frac{n_1+n_2-n_{12}-n_b}{n_{12}{}^2-n_1{}^2-n_2{}^2} \tag{7}$$

β 線の最大エネルギー

β 崩壊によって原子核から放出される電子，あるいは，陽電子を β 線という．電子が放出される崩壊を β^- 崩壊，陽電子が放出される崩壊を β^+ 崩壊と呼ぶ．β^- 崩壊の場合には原子番号が 1 増え，β^+ 崩壊の場合には原子番号が 1 減る．この実験では β^- 崩壊を起こす核種を用いる．

β 粒子のエネルギーは連続スペクトルを示し，その大きさは 0～4 MeV の範囲にある．β 粒子が物質中を通過するときは，電離や制動放射などの非弾性散乱を起こす．1 回の散乱によって失うエネルギーは，β 粒子の持つ運動エネルギーに比べて小さい．このため十分薄い物質に入射した β 粒子は，非弾性散乱のたびにエネルギーを失い運動量の方向を変えるが，ついにはこの物質を通り抜ける．

β 線の入射方向に垂直に物質（吸収体とも呼ぶ）を入れ，その厚さを増していくと，透過する β 粒子の数はほぼ指数関数的に減少し，次式で表される．

$$N=N_0 \exp(-\mu_1 d)$$

ここで，N_0 は透過前の粒子数，d は物質の厚さ，μ_1 はその線吸収係数である．線吸収係数は密度 ρ に依存するため

$$\mu_m=\frac{\mu_1}{\rho}$$

で定義される質量吸収係数 μ_m を使って，粒子数は次式で表される．

$$N = N_0 \exp(-\mu_m \cdot \rho d) \qquad (8)$$

μ_m の単位には m^2/kg あるいは cm^2/g が用いられる．ρd を物質の厚さと考え，ρd の単位には kg/m^2 あるいは g/cm^2 が用いられる．吸収体の厚さを横軸に，透過した β 線の計数率を縦軸にプロットすると図 4 のようになる．これを吸収曲線と呼ぶ．厚さの変化に対し直線的に減少する部分が β 線の吸収が起きているところである．この他に，吸収体の厚さによらず一定の値となる領域が現れる．これは β 線が吸収体を透過するときに生じる制動放射線や，線源が β 線放出と同時に放出する γ 線などによるバックグラウンドである．直線的に減少する部分を計数率 1 の水平軸にまで外挿し，それらの交点を R_{ext} とする（図 4）．R_{ext} は β 線の外挿飛程と呼ばれ，最大飛程にほぼ対応する．

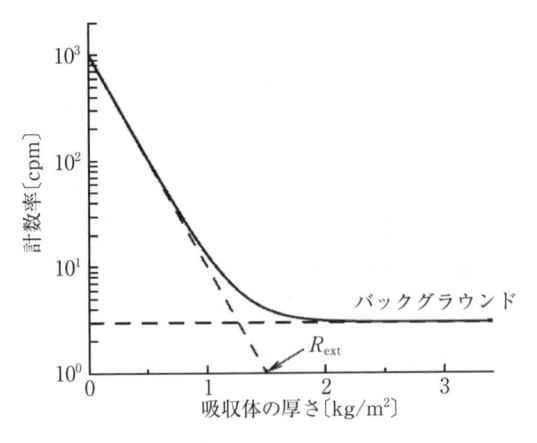

図4 計数率の吸収体厚さ ρd 依存性

R_{ext} は β 線の最大エネルギー E_{max} によってほぼ定まり，そのエネルギー分布にはほとんど依存しない．R_{ext} と E_{max} の関係を，アルミニウム吸収体を用いた測定から図 5 の実験曲線が得られている．これを用いて線源の β 線の最大エネルギーを求めることができる．次の近似式も得られているので利用してもよい．

$0.15\,\text{MeV} < E_{max} < 0.8\,\text{MeV}$ のときは

$$R_\text{ext} = 4.07 E_\text{max}^{1.38} \tag{9a}$$

$0.8\,\text{MeV} < E_\text{max} < 3\,\text{MeV}$ のときは

$$R_\text{ext} = 5.42 E_\text{max}^{-0.033} \tag{9b}$$

である．ただし，R_ext，E_max は，それぞれ〔kg/m^2〕，〔MeV〕を単位とする．

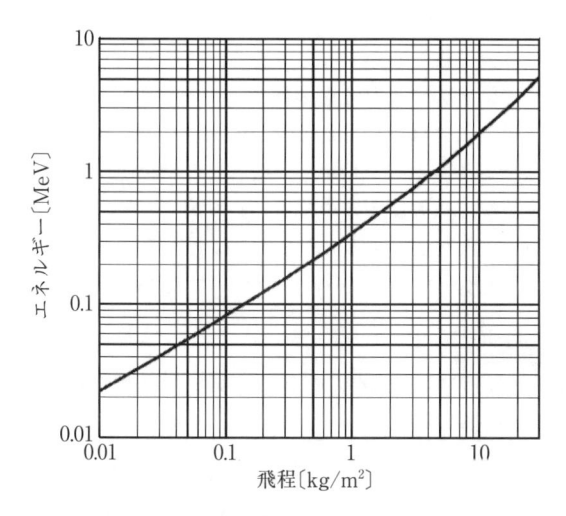

図5 飛程-エネルギー実験曲線

2. 実　　験

実験課題

（1） ^{90}Sr を線源とし，GM 計数管のプラトー領域を決定しなさい．

（2） ^{90}Sr を線源とし，2 線源法を用いて GM 計数管の分解時間 t_s を測定しなさい．

（3） ^{204}Tl, ^{60}Co を線源とし，アルミニウム吸収板の吸収曲線を求め，外挿飛程 R_ext を決定しなさい．

（4） オシロスコープによる波形の観察から，分解時間を求め，2 線源法により求めた分解時間と比較しなさい．

（5） 図5を用いて，それぞれの最大エネルギーE_{max}を決定しなさい．

〈注意〉 実験を始める前に必ず読むこと（放射線計測に関する一般的注意）

以下では放射線測定の基礎実験を行うが，放射線の測定は初めての人がほとんどであろう．放射線測定とはいっても，他の精密測定と大きな違いはない．ただし，五感に感じ得ない放射線を取り扱うので，一般の測定に比べ，とくに注意しなければならないことは次の点である．

まず，放射線には大量被曝しないことである．ここで扱う線源は人体に障害を与える可能性は極めて低いので恐れる必要はないが，それでも，できる限り被曝を少なくするよう心がけることは大切である．ここで取り扱う線源は密封されたものであるが，実験中はなるべく手袋を使用し，皮膚などに線源が直接触れないように心がけてほしい．実験後，線源は所定の位置に必ず戻すこと．実験台の上などに放置して，後から実験する人が被曝するようなことはあってはならない．また，実験中，線源を放置したり，破損したりしないよう，十分注意すること．

実験装置と実験手順

図6に計数管スタンドの概略を示す．スタンドは鉛シールドからできており，最上部には検出窓を下向きにしたGM計数管が取り付けられている．その下には4段の棚があり，下段から順に測定試料（線源），アルミニウム吸収体，絞り板（半径Rの穴の開いた板）を入れる．計数装置は機種を変更することもあるので，必ず装置付属の使用説明書を読むこと．

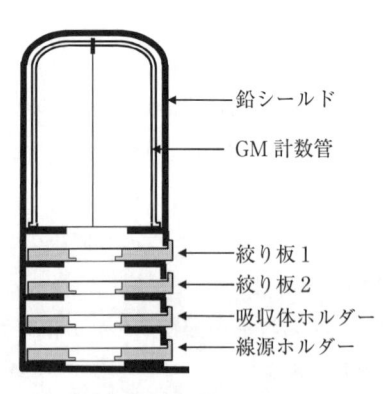

図6 計数管スタンド

使用する線源

（1） ^{90}Sr：^{90}Sr は半減期 28.8 年で β^- 崩壊して ^{90}Y となる．^{90}Sr からの β 線の最大エネルギーは 0.54 MeV である．^{90}Y はさらに半減期 64.1 時間で β 崩壊して安定な ^{90}Zr になる．β 線の最大エネルギーは 2.28 MeV である．

（2） ^{204}Tl：^{204}Tl は半減期 3.78 年で，97% が β^- 崩壊して ^{204}Pb になる．β 線の最大エネルギーは 0.763 MeV である．残り（3%）は軌道電子捕獲（EC）して ^{204}Hg になる．軌道電子捕獲の場合には電子軌道の K 殻にホールが生成され，そこに外殻の電子が遷移するため X 線（特性 X 線）が放出される．X 線のエネルギーは 70.8 keV である．

（3） ^{60}Co：β 線と 2 種類の γ 線（1.173 MeV および，1.333 MeV）を放出する．以上の 3 種類の線源は直径 25 mm，高さ 6 mm の金属円盤の中央に埋め込まれ，極めて薄いアルニミウムの膜で覆われている．

（4） ^{90}Sr（^{90}Y）：2 線源法による GM 計数装置の分解時間の測定に用いる．この線源のセットは直径 25 mm のアクリルの半円盤 4 個からなり，そのうち 2 個にそれぞれ線源が埋め込まれており（表に ^{90}Sr と刻印されている），他の 2 個は空で（表に B と刻印されている）ふたの役目をする．^{90}Y から ^{90}Zr への半減期は ^{90}Sr から ^{90}Y への半減期に比べて短いため，^{90}Sr と ^{90}Y の分離は難しく，両者が共存した状態で使用される．

GM 計数管の操作手順

（a） GM 計数管および計数装置の電源コード，計数管およびタイマーへのケーブルが正しく接続されていることを確認する．

（b） 計数装置の高電圧用つまみを反時計方向いっぱいに回し，最低の位置にする．

（c） 以上の事項を確認した後，電源スイッチを入れ，5 分間電気回路のウォーミングアップを行う．

（d） 線源ホルダーを引き出し，図 7(a) のように ^{90}Sr 線源（円形でアルミニウム箔の付いている方が表）の表を上にして置き，計数管スタンドの下段に挿入する．

36 物理学実験―応用編―

（e） リセットボタンを押し計数表示を0にしてから，カウントボタンを押す．

（f） 高電圧用つまみをゆっくりと時計方向に回していく．モニター（スピーカー）から音が聞こえ始め，急激にカウントを始めるときがGM計数管の始動電圧である．このときの電圧を記録しておく．

（g） 計数管の作動電圧は管によって異なるので，あらかじめ付属の使用説明書および備え付けのプラトー曲線の図を見て決め，その電圧になるまでつまみをゆっくりと回す（作動電圧約1100 V，プラトー領域最高電圧1300 Vを目安とする）．作動電圧に達したら，計数管の下の棚に置かれた線源を一度取り去ってみる．計数率が減少すれば，GM計数管は正常に作動している．

（終了に際して）

（h） 計数装置を止める場合は，まず高電圧用つまみをゆっくりと最低の位置に戻し，電圧が数100 V以下になったら電源スイッチを切る．高電圧のままでいきなり電源を切ってはならない．

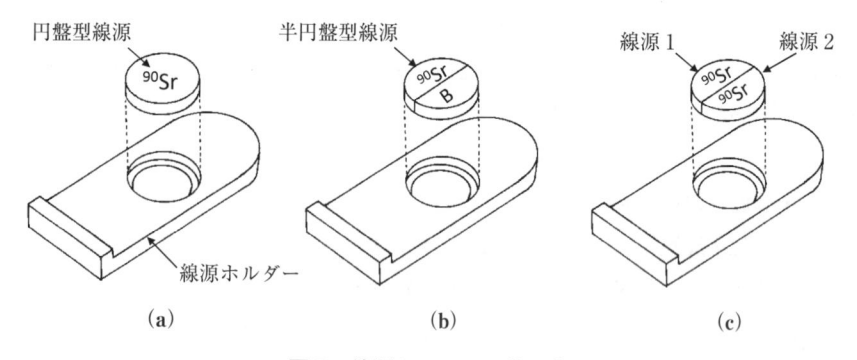

図7 線源ホルダーの使い方

GM計数管のプラトー領域の決定

（a） GM計数管の操作手順に従い，（a）～（c）まで実行する．
（b） タイマーを1分に設定する．
（c） 吸収体ホルダーにアルミニウムの吸収体が入っていないことを確かめ

る．準備の過程で線源ホルダーに ^{90}Sr がセットされているので確認する．

（d） カウンターをリセットする．

（e） 電圧調整つまみを時計回りに回し，準備（f）で記録した電圧より30Vほど低く，きりのいい電圧値に設定する．

（f） 1分間の計測をする．

（g） 高電圧を10Vだけ増し，カウンターをリセットし，再び1分間計測をする．

（h） 計測数がほぼ一定になるまで（d）〜（g）を繰り返し，それ以降は電圧の増分を50Vにし，引き続き計測する．

（i） 計測数の急激な上昇が鈍くなってきたら，グラフ用紙を用意し，横軸を電圧，縦軸を計測数にとってそれまでの測定値をプロットし，以後計測ごとに記録する．

（j） 電圧が1300Vに達するか，あるいは記録したグラフ上で，プラトーから再び上昇していると判断されるときは計測をやめる（これ以上電圧を増すとGM計数管が破損するので注意）．

（k） グラフを清書し，プラトー領域を決定し，GM計数管の作動電圧を決定しなさい．

2線源法による分解時間 t_s の測定手順

2線源法の実験では ^{90}Sr の半円盤型の線源2個を用いる．それぞれは取り違えが起こらないように青色と赤色で文字が刻まれている．測定者は一方を（たとえば赤色文字の線源）を線源1，他方を線源2と区別して扱う．

（a） 計数管を作動させ，作動電圧にセットする．

（b） 線源ホルダーを空にしたあと，改めて ^{90}Sr と刻印された2個の半円盤線源 ^{90}Sr（^{90}Y）のうち1個（たとえば赤色で文字が刻印）を線源1と決め，Bと刻印された半円盤とを図7（b）のように組み合わせて線源ホルダーにセットし，計数管スタンドの下段に入れる．半円盤BはBlankの意味で線源は組み込まれていない．

（c） 「計数の統計」の項を考慮し，計数率が数1000（counts/min）以下で

あることを確認する．

（d） 1回の計数値 N が 10000 カウント以上になるように計測時間を決める．

（e） 計測を 10 回繰り返し，その平均から計数率 n_1 を求める．

（f） 線源ホルダーを引き出し，空の半円盤 B を，残っている半円盤線源 ^{90}Sr（線源 2：青色で印字）と交換する．

（g） 線源 1 と 2 が入った状態（図 7(c)参照）で(f)と同様にして計数率 n_{12} を求める．

（h） 線源ホルダーを引き出し，線源 1 のみを空の半円盤 B と交換する．

（i） 線源 2 のみの状態で(f)と同様にして n_2 を求める．

（j） 線源 2 および空の半円盤 B を共に取り出し，ホルダー内を空にした状態で(e)と同様にして自然計数率 n_b を求める．

（k） n_1, n_2, n_{12}, n_b の値と(7)式から分解時間 t_s を求めなさい．

β 線の最大エネルギーの決定

（a） 計数管を動作させ，作動電圧にセットする．

（b） 1 度線源を外し，ホルダーが空の状態で自然計数を 10 回計測し，自然計数率を求める．

（c） ^{204}Tl を線源ホルダーにセットし（図 7(a)参照），計数管スタンドの下段に入れる．

（d） アルミニウム吸収体を吸収体ホルダーに配置する．このとき，吸収後の計数率が自然計数率の 2 倍くらいになるように吸収体の厚さを組み合わせ調整する．設定が終了したらそのときの厚さを記録しておく．

（e） 吸収体をすべて外し，吸収体がないときの計数率を求める．

（f） (d)で求めた厚さの 1/10 程度の厚さの吸収体について計数率を測定する．その後，徐々に吸収体の厚さを増しながら，そのつど，計数率を測定する．吸収体の厚さを増していくと，計数率は次第に小さくなる．精度よく測定するためには，それに合わせて計測時間を長くする必要がある．

（g）吸収体の厚さが（d）の厚さの1/2程度になったあたりで，再度自然計数率を測定しておく．

（h）吸収体の測定が終了したら，最後にもう一度自然計数率を計測する．先に求めた2回の自然計数率を含めて3回の平均を求め，計測中の自然計数率とする．

（i）それぞれの吸収体の厚さに対する正味の計数率（＝測定された計数率－自然計数率）を計算し，図4にならって計数率〔cpm〕を縦軸に，吸収体の厚さ ρd〔kg/m²〕を横軸にとって吸収曲線をプロットする．

（j）吸収曲線の減少している部分，バックグラウンドを見極め，吸収曲線の最後に急に落ち込む領域を中心に接線を引く．

（k）接線を計数率1cpmまで延長し，外挿飛程 R_{ext} を求める．

（l）図5の飛程-エネルギー実験曲線を使って最大エネルギー $E_{\max}$ を決定しなさい．

（m）⁶⁰Co についても同様の計測を行い，最大エネルギー $E_{\max}$ を決定しなさい．

オシロスコープによるGM計数管動作時の波形観察

（a）スケーラーのOUTPUT端子と，オシロスコープのINPUT端子をBNCケーブルで接続する．

（b）高電圧調整用つまみが反時計回りいっぱいに回され，最低の位置になっていることを確認する．

（c）スケーラー，オシロスコープの電源をONにし，1～2分待つ（電気回路のウォーミングアップ）．オシロスコープは0.1V，0.1msのレンジにする．

（d）線源ホルダーにプラトー測定用線源 ⁹⁰Sr をセットする．

（e）高電圧調整つまみを時計回りにゆっくり回し，モニター（スピーカー）から音が聞こえ始めるまで電圧を上げ，最終的には作動電圧まで上げて停止する．

（f）この状態でオシロスコープに図3と類似の波形が観察される．

（g）デジタルカメラなどでスクリーンの波形を撮影するか，スクリーン上に透明紙を重ねて波形を写し取る．

（h）波形解析から分解時間を読み取り，2線源法によって得られた分解時間と比較しなさい．

3. 解析と考察

（1）^{90}Sr, ^{204}Tl, ^{60}Co で吸収曲線が異なるのはなぜか．

（2）幾何学的効率のみを考慮して線源の強度を推定しなさい．幾何学的効率 G とは，計数管の入射窓が線源に対して張る立体角と 4π の比である．線源の広がりを無視できる場合には

$$G=\frac{1}{2}\left(1-\frac{l}{\sqrt{l^2+R^2}}\right) \tag{10}$$

より計算することが可能である．ここで，R は計数管の入射窓の半径，l は線源と入射窓の距離である．

［参考文献］

1) 河田燕：放射線計測技術，東京大学出版会（1978）
2) Glenn F. Knoll：放射線計測ハンドブック第3版（木村逸郎，阪井英次訳），日刊工業新聞社（2001）
3) 東京大学教養学部基礎実験テキスト編集委員会編：基礎実験Ⅰ，東京大学出版会（2001）

3 X線による結晶の方位決定

目 的
X線背面ラウエ(Laue)法を用いて結晶の方位決定を行い，X線に関する知識と，結晶内でのX線の散乱，干渉，回折，さらに，固体の結晶構造等に関する基礎知識を学ぶ．

1. 解　説

X線の発生とその性質

　X線は通常，高真空のガラス管内にフィラメントの陰極と，ターゲットの陽極を封入したクーリッジ(Coolidge)管から放射される．フィラメントから放出された熱電子が高電圧で加速され，陽極に衝突するときX線が発生する．そのX線をX線分光計で調べると，図1のように，破線のような連続X線と，実線のような陽極元素によって異なる固有X線スペクトルからなっている．

　まず連続X線は，加速電子が陽極に衝突した後，減速する過程で生じる制動放射の電磁波である．電圧Vで加速された（電荷eを持つ）電子の最大運動エネルギーはeVであるから，その全エネルギーが失われて放出される光子の最短波長$\lambda_{\min}$は次式となる．

$$\lambda_{\min} = \frac{hc}{eV} \quad (1)$$

ここで，hはプランク定数，cは光速度で，連続X線はこれより波長の長いものから成っている．

　高速熱電子が陽極に衝突して陽極原子の内殻電子を励起し，原子外にその電

42 物理学実験—応用編—

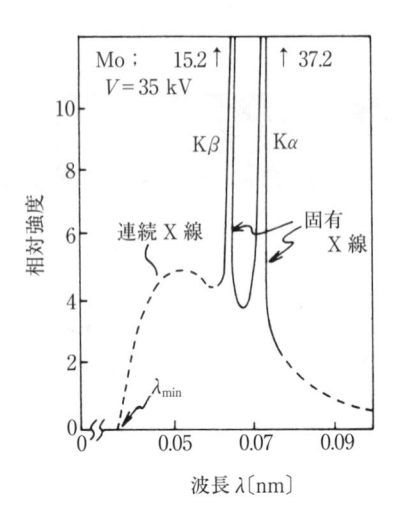

図1 モリブデンのX線スペクトル

子を追い出すと，空席となったエネルギー準位へそれより高い準位の軌道電子が落ち込む．このとき発生する光子が不連続X線である．したがって，発生するX線の波長は，ボア(Bohr)の条件から次のように表される．

$$\lambda_{nm} = \frac{hc}{E_n - E_m} \tag{2}$$

ここで，E_n, E_m は量子数 n, m の，ターゲット原子の軌道電子エネルギーで，X線の波長は不連続な線スペクトルとなる．それゆえこれらのX線を，ターゲット原子を反映する固有X線，あるいは特性X線と呼んでいる．

X線は，波長にして $0.01 \sim 10$ [nm][*1]，エネルギーにして $10^3 \sim 10^5$ [eV] の電磁波を総称するものだが，X線回折の実験では波長が結晶の格子間距離に近い $0.05 \sim 0.25$ [nm] のものを扱うことが多い．また，一般に用いられる特性X線は，原子内軌道電子がL殻からK殻へ落ち込むときに発生するKα線か，あるいはM殻からK殻へ落ち込むときに発生するKβ線である．代表

[*1] 波長はオングストローム〔Å〕単位で表示されてきたが，現在ではSI単位表示が一般的で，〔nm〕単位を用いる．

$1 \text{[Å]} = 10^{-8} \text{[cm]} = 10^{-10} \text{[m]} = 0.1 \text{[nm]}$

表1 銅およびモリブデンの固有X線の波長

特性X線	Cuの波長〔nm〕	Moの波長〔nm〕
$K\alpha_1$	0.154056	0.070930
$K\alpha_2$	0.154439	0.071359
$K\beta$	0.139222	0.063229　($K\beta_1$)

的なターゲットの銅(Cu)とモリブデン(Mo)の固有X線の波長が表1に示されている．$K\alpha$, $K\beta$ 線は，L殻，M殻の軌道電子の角運動量の違いから，エネルギー準位にわずかな差があり，波長も($K\alpha_1$, $K\alpha_2$ のように)単一ではない．

X線の散乱，干渉，回折

ここでは，X線が結晶体に照射されたとき，どのような機構で反射され観測されるかについて説明する．

物質に照射されたX線は，光電効果による吸収だけでなく，複雑な散乱を受ける．散乱のとき，エネルギーを失って波長を変える場合を非弾性散乱，そうではない場合を弾性散乱という．前者は非干渉性散乱（incoherent scattering）でコンプトン効果の原因であり，後者は干渉性散乱（coherent scattering）で回折現象の原因となっている．もちろんここでは後者の散乱を扱う．

X線は電磁波であるから振動する電場成分を持っている．そのような電磁波が1個の電子に照射されると，電子はその振動電場によって同じ振動数でゆすられる．このような電子の運動は，振動する電気双極子そのものであり，電磁気学で習う双極子放射の理論から，周囲に電磁波を放射する．もちろんこの放射電磁波の振動数は，入射波の振動数と変わらないから，波長も変わらない．これが電子1個によって散乱されるX線で，このような散乱をトムソン（Thomson）散乱という．

次に，原子1個によって散乱されるX線を考える．原子の周りにはその原子番号の数だけ軌道電子が分布しているが，それらの電子も入射X線の振動電場によって振動運動をする．したがって，原子の周りのいろいろなところで2次の散乱X線が発生し，それらは波長が同じなので干渉しあい，互いに強

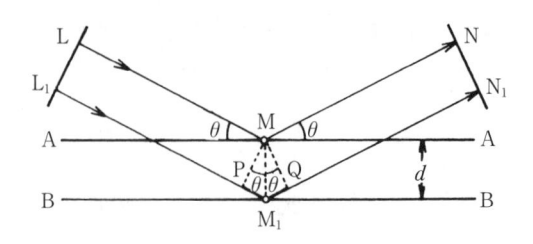

図2 ブラッグの反射則の説明

めあったり弱めあったりする．我々が観測する散乱 X 線は，そのような原子を点源とする 2 次波の重ね合わせによってできた電磁波である．

さらに，結晶体に X 線が入射したらどうなるかを考える．結晶体は後で詳しく述べるように，原子が 3 次元的に周期的規則で配列したものである．したがって，上で述べた原子 1 個 1 個からの散乱波が，周期的規則で重ね合わされ干渉しあうことになる．いま，図 2 のように結晶内に 2 つの平行な原子面 A，B を考え，それぞれの原子面で反射される X 線の干渉を考える．入射波は $\overline{LL_1}$ 上で同一位相とし，L を出た波が M で反射して N に達し，L_1 を出た波が M_1 で反射して N_1 に達する 2 つの波の干渉を考える．このとき両波の光路差は

$$PM_1 + M_1Q = 2d\sin\theta$$

で与えられる．したがって，これが波長の整数倍であれば 2 つの波の位相はそろい，強めあった波面が $\overline{NN_1}$ で観測される．すなわち，その条件は

$$2d\sin\theta = n\lambda \quad (n=0, 1, 2, \cdots) \tag{3}$$

で，ブラッグ (Bragg) の反射則が得られる．n は反射面の光路差に波長がいくつ入っているかを表す数で，反射の次数と呼ばれている．(3) 式は回折現象を格子面からの反射として 1 次元的に扱ったもので，一般的な 3 次元格子については，ラウエ (Laue) の回折理論（「X 線の回折強度」）で，後に詳しく述べる．

結晶の種類とその構造

近年話題になっている非晶質体（アモルファス金属，半導体，磁性体，セラミックスなど）を別とすれば，我々の接する固体は大なり小なりいろいろな結

晶粒の集合体である．それでは単一の結晶とはどんなものかといえば，「1個ないし数個の原子よりなる単位模様が，3次元的にある特定の周期性を保って分布している原子集合体」ということになる．以下では，そのような結晶にどんな種類のものがあり，また，どのような構造になっているかを，結晶学の用語を説明しながら述べる（詳細は参考文献参照）．

（1） 格子点（lattice point）

結晶内の単位模様の代表点である．一般には単位模様の中の任意の場所でよいが，他の単位模様についても等価な位置でなければならない．通常は単位模様が球対称となる点が優先される．単純な原子1個ならばその中心である．

（2） 空間格子または点格子（space lattice or point lattice）

格子点を直線で結んで得られる空間的な格子模様を空間格子，あるいは点格子と呼ぶ．

（3） 単位格子（unit cell）

格子点を結んで得られる単位の平行六面体となる空間格子を単位格子という．もちろん，単位格子の作り方はいく通りでも考えられるが，固体物理学では以下で説明する「単純単位格子」か，あるいは，「ブラベー格子」のいずれかを用いる．

（4） 結晶軸，格子定数（lattice axis, lattice constant）

単位格子の稜線に平行な3軸 a, b, c を結晶軸と呼ぶ．その3軸の長さをそれぞれ a, b, c とし，軸間の角度を $\alpha = \angle(b, c)$，$\beta = \angle(c, a)$，$\gamma = \angle(a, b)$ とするとき，これらをまとめて格子定数という．

（5） 結晶系（crystal system）

結晶はそれが持っている対称性から「7種類の結晶系」に分類され，現存するあらゆる結晶はすべてそれらのいずれかに属する．それらの格子定数との関係は，表2に示されている．

（6） ブラベー格子（Bravais lattice）

結晶の対称性が最もよく反映され，しかもできるだけ小さい空間格子として選ばれた単位格子である．フランスの物理学者ブラベー（A. Bravais）の考案によるもので，その名をとって呼んでいる．これは結晶系を区分する単純な空間

表2 結晶系とブラベー格子

結晶系	結晶軸	ブラベー格子と記号
1) 立方晶系 （cubic）	$a=b=c$ $\alpha=\beta=\gamma=90°$	（1） 単　純　P （2） 体　心　I （3） 面　心　F
2) 正方晶系 （tetragonal）	$a=b\neq c$ $\alpha=\beta=\gamma=90°$	（4） 単　純　P （5） 体　心　I
3) 斜方晶系 （orthorhombic）	$a\neq b\neq c$ $\alpha=\beta=\gamma=90°$	（6） 単　純　P （7） 体　心　I （8） 底　心　C （9） 面　心　F
4) 菱面晶系 （rhombohedral or trigonal）	$a=b=c$ $\alpha=\beta=\gamma\neq90°$	（10） 単　純　P
5) 六方晶系 （hexagonal）	$a=b\neq c$ $\alpha=\beta=90°$ $\gamma=120°$	（11） 単　純　P
6) 単斜晶系 （monoclinic）	$a\neq b\neq c$ $\alpha=\beta=90°\neq\gamma$	（12） 単　純　P （13） 底　心　C
7) 三斜晶系 （triclinic）	$a\neq b\neq c$ $\alpha\neq\beta\neq\gamma\neq90°$	（14） 単　純　P

格子以外に，さらに単位格子の中心（体心）あるいは面の中心（面心）に，格子点を加えて得られるものである．重複を避けるとすべての結晶は14種類のブラベー格子に分類される．それらは表2と図3に示されている．

（7）　**単純（または基本）単位格子**（primitive unit cell）

結晶の中で単位格子として選ばれる最小の空間格子である．数量的に結晶を扱う場合はこの格子を用いるのが便利であるが，結晶の対称性を直観的に知る上では不便である．図4に，ブラベー格子（実線のもの）の面心立方格子と体心立方格子が，それらの単純単位格子（破線のもの）と比較されている．単純単位格子では両方とも構造的には複雑な菱面格子になっていることがわかる．以下ではとくに断らないかぎり，単位格子というときはブラベー格子のことを意味する．

3 X線による結晶の方位決定　47

単純　体心　面心
$a=b=c$　$\alpha=\beta=\gamma=90°$
(1) 立方格子
cubic

単純　体心
$a=b\neq c$　$\alpha=\beta=\gamma=90°$
(2) 正方格子
tetragonal

単純　底心　体心　面心
$a\neq b\neq c$　$\alpha=\beta=\gamma=90°$
(3) 斜方格子
orthorhombic

$a=b=c$　$\alpha=\beta=\gamma\neq 90°$
(4) 菱面体格子
trigonal (rhombohedral)

$a=b\neq c$　$\alpha=\beta=90°$, $\gamma=120°$
(5) 六方格子
hexagonal

単純　底心
$a\neq b\neq c$　$\alpha=\beta=90°$, $\gamma\neq 90°$
(6) 単斜格子
monoclinic

$a\neq b\neq c$　$\alpha\neq\beta\neq\gamma\neq 90°$
(7) 三斜格子
triclinic

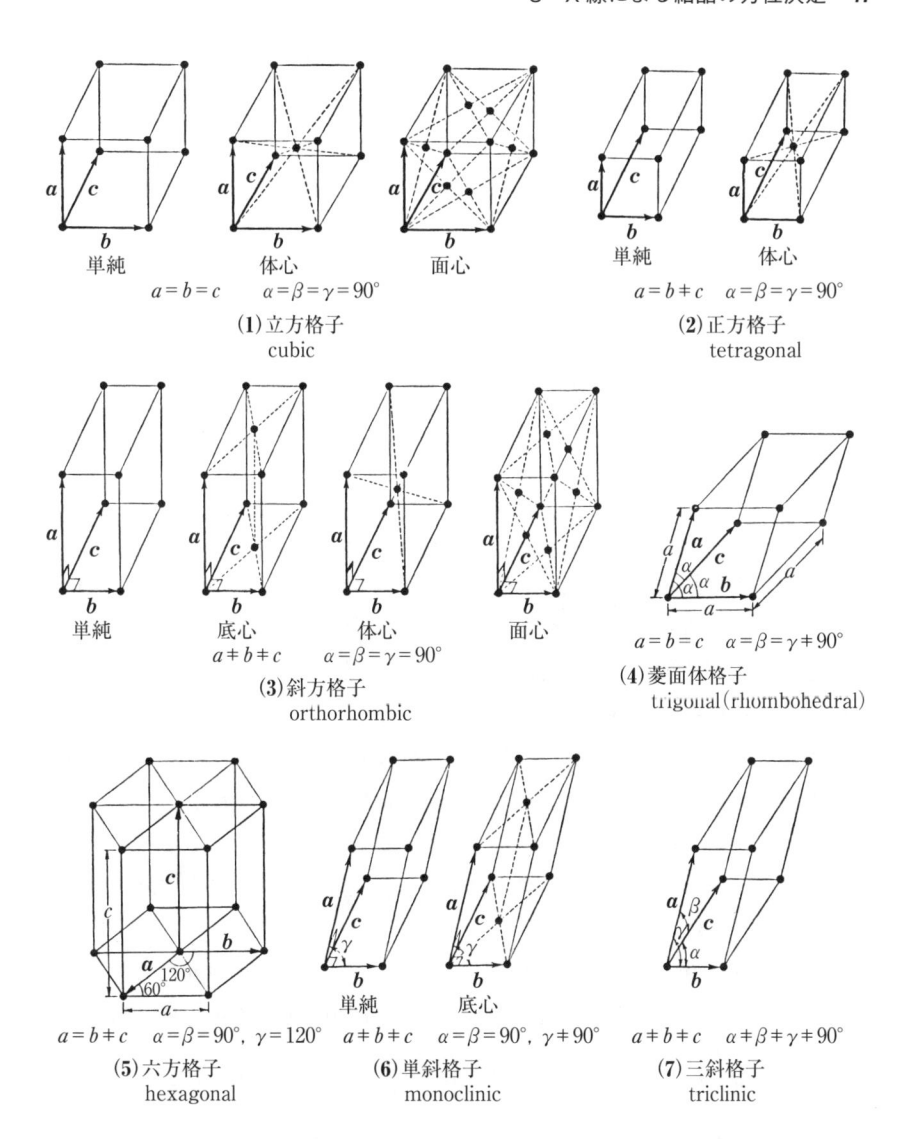

図3　ブラベー格子

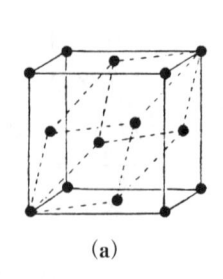

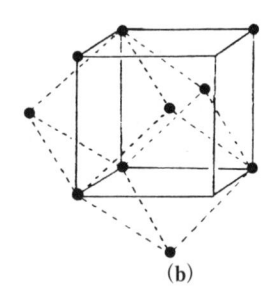

図4 面心立方格子と体心立方格子の単純単位格子とブラベー格子との関係
(a)面心立方格子の単純格子（破線）とブラベー格子（実線）
(b)体心立方格子の単純格子（破線）とブラベー格子（実線）

結晶の方位とミラー指数

　結晶体があるとき，その中の結晶軸 a, b, c がどのように入っているかを指定できれば，その結晶体の方位が決まったことになる．すなわち，結晶軸 a, b, c の格子座標が，X線に対して設置した試料（結晶）の中に，どのように入っているかを定めることが本実験の作業目標である．

　格子座標 (a, b, c) を用いれば，結晶内のあらゆる格子点は互いに平行な直線群の上にまとめることができる．そのような直線群を「格子列」と呼び，原点を通る格子列上の格子点座標 $[u, v, w]$ によって表すことができる．これが結晶格子内の方向を示す方法で，格子方向と呼び $[uvw]$ で表す．立方晶の代表的格子方向を図5に示す．

　同じ格子座標のすべての格子点は，互いに平行で等間隔の平面群の上にまとめられる．それを格子面と呼ぶ．この格子面群の中で原点を通る格子面に最も近い格子面が，結晶軸 a, b, c をそれぞれ $\frac{a}{h}, \frac{b}{k}, \frac{c}{l}$ の座標で切るとき，その格子面群を (hkl) で表し，h, k, l をミラー指数（Miller indices）という．ただし，h, k, l は正または負の整数で，h が負ならば $(\bar{h}kl)$ で表す．図6にはミラー指数の決め方と，立方晶の代表的な面と方位が表されている．これからわかるように，立方晶では面 (hkl) と方位 $[hkl]$ とは垂直である．すなわち，方位 $[hkl]$

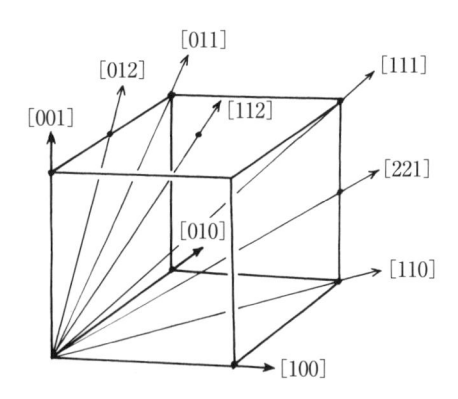

図5 立方晶の格子方向とその表し方

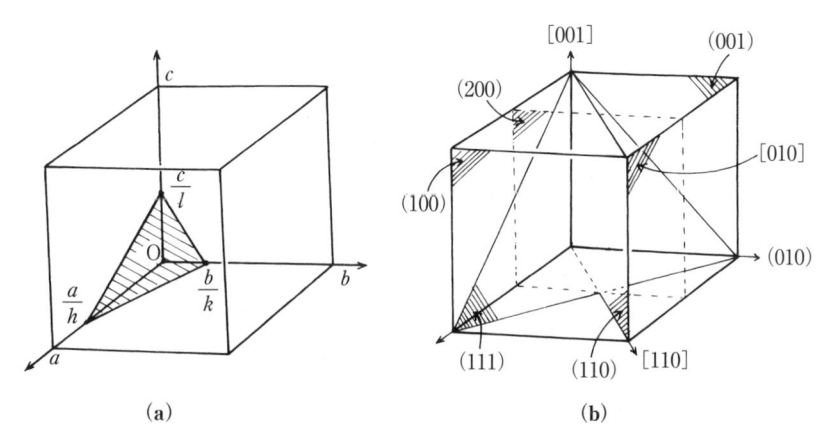

図6 ミラー指数の定義と，立方晶の代表的な面と方位
(a) ミラー指数 h, k, l の定義，(b) 立方晶の代表的な面 (hkl) と方位 $[hkl]$

は面 (hkl) の面ベクトルである[*2]．したがって，結晶内の方位はこのミラー指数で表すのが大変便利である（後述の「逆格子ベクトルと格子間隔」を参照）．

結晶の対称性から等価な格子列と格子面が複数個あるときが多い．それらを

[*2] 面はベクトル量として $A = A \cdot n$ で定められる．ここで A は面積，n はその法線．

ファミリー (family) といい，格子方位の場合は $\langle uvw \rangle$ で表し，格子面の場合は $\{hkl\}$ で表す．たとえば，立方晶なら6個の側面，(100), (010), (001), ($\bar{1}$00), (0$\bar{1}$0), (00$\bar{1}$) はいずれも等価な面で，これらをまとめて$\{100\}$で表す．また格子方位$\langle 100 \rangle$のファミリーは [100], [010], [001], [$\bar{1}$00], [0$\bar{1}$0], [00$\bar{1}$] である．

面間隔と面間角度

ミラー指数(hkl)を使えば，格子面間の距離 d を表すことができる．とくに立方晶では簡単に

$$\frac{1}{d_{hkl}^2} = \frac{h^2+k^2+l^2}{a^2} \qquad (4)$$

となる．ここで，a は格子定数であり，d_{hkl} は指数(hkl)面間の間隔を意味する．

さらに，格子面 $(h_1k_1l_1)$ と $(h_2k_2l_2)$ とのなす面間角度 ϕ も，立方晶の場合では容易に求められ，次式となる．

$$\cos\phi = \frac{h_1h_2+k_1k_2+l_1l_2}{\sqrt{h_1^2+k_1^2+l_1^2}\cdot\sqrt{h_2^2+k_2^2+l_2^2}} \qquad (5)$$

もちろん，この角度は方位$[h_1k_1l_1]$ と $[h_2k_2l_2]$ とのなす角でもある．

その他の結晶系についても(4), (5)式と同様な関係式が得られているが，複雑になるのでここでは省略する．

ステレオ投影

我々は天空の星座や地球上の位置を指定するため球儀を使っているが，それでは持ち運んだりしまい込んだりするのに，かさばって不便である．そこで，球儀と同じ効用がある「2次元に変換された基準図」があれば便利である．この目的で3次元の方位関係を，ある規則をもとにして，2次元紙面上に表すのがステレオ投影である．

図7(a)のように緯線経線の入った地球儀を，NS を水平に，中央子午線 (principal meridian) と赤道線 (equator) との交点 O を頂点に置き，その直

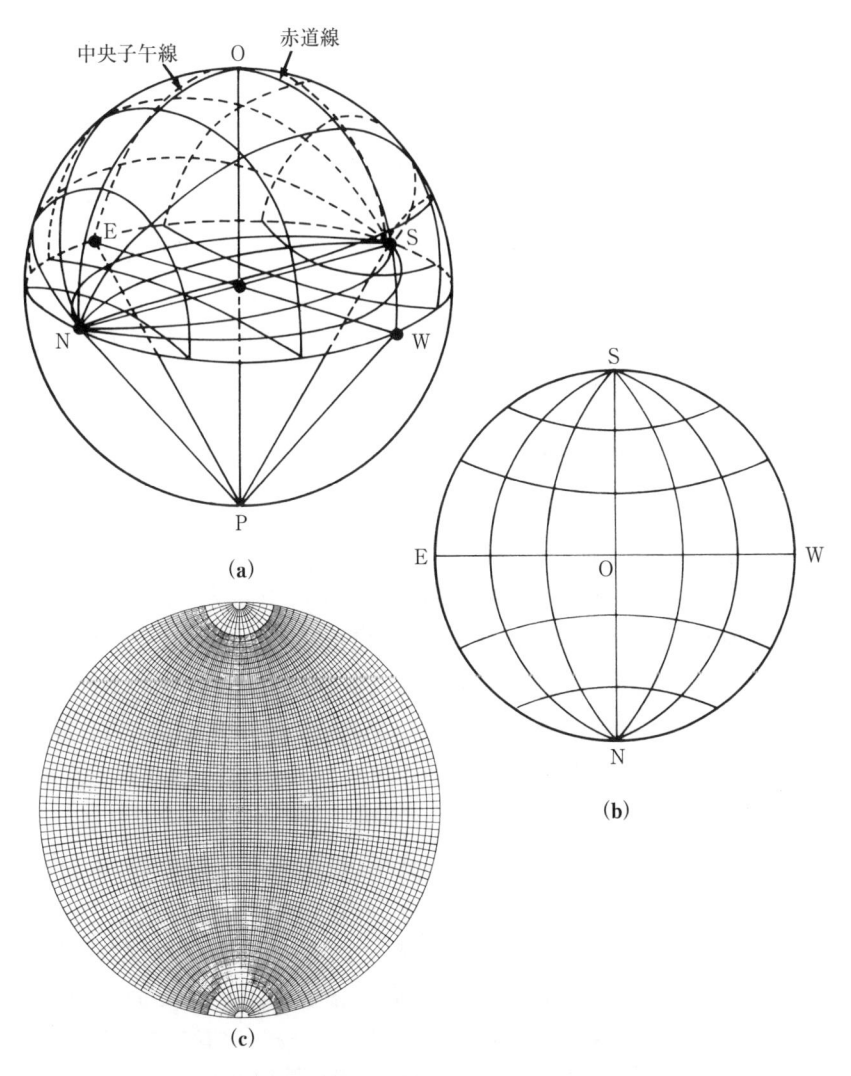

3 X線による結晶の方位決定　51

図7 ステレオ投影図の作製手順
(a) P を点光源にして球儀を見る
(b) (a) での像を子午面 NWSE 上に写す
(c) (b) の図をさらに細かく 2 度目盛に仕上げたものである
これをウルフネットと呼ぶ

下のP点より上半球をながめ，緯線経線の模様を子午面（NWSE）上に投影すれば，図7(b)が得られる．地球儀にさらに細かい2度間隔の目盛を入れ，同じ投影を行えば図7(c)のようになる．これをウルフネット（Wulff net）と呼び，ステレオ投影の1つの基準図である．一見不規則な目盛のように思われるが，投影法の幾何学的関係を理解すれば見通しがよく，球儀を扱うと同じように測角ができるのである．地球儀の投影方法によっては，基準図はいく通りもできるが，N極を中心にした投影図をポーラーネット（polar net）と呼んでいる．一般によく使われるのはウルフネットで，図9(d)に図7(c)の2度目盛の拡大図が示されている．

立方晶の標準投影図と晶帯

代表的な格子面を側面にして切り出した立方晶を，図8(a)のように，結晶の中心と球の中心を一致させて固定する．そして，球の中心から各格子面に下した垂線を延長し，球面との交点を黒点でマークしてゆく．このようにして作られた球面上の模様を図7(a)で行ったのと同じ方法で図8(b)のようにステレオ投影すれば，図8(c)を得る．図8(a)を投影するとき，投影面の選択によってはいろいろな投影図が得られるが，立方晶の場合は(001), (011), (111)面への投影図をそれらの標準投影図という．図9(a), (b), (c)にそれらを示すが，これらは本実験の結晶方位解析で使うのでよく理解しておかなければならない．また図8(c)中に記された□, △, ◯の記号はそれぞれ4回回転軸，3回回転軸，2回回転軸であることを示す[*3]．

ここで練習のため，標準投影図上の任意の2つの格子面間の角度を，ウルフネットを使って測ることを試してみる．標準投影図上に，それと同じ直径のウルフネット（透明紙印刷した基準図）を，中心を合わせて重ねる．求めたい2つの基準図上の格子面を選び，ウルフネットだけを中心軸の周りに回して，その2つの面（点）が同一経線上に載るようにし，その経線上で2面（点）間の

[*3] 描かれる記号の形から4回，3回，2回の回転対称であることを示す．4回回転軸とは$2\pi/4$すなわち$\pi/2$の回転操作を行っても対称性が満たされる軸である．

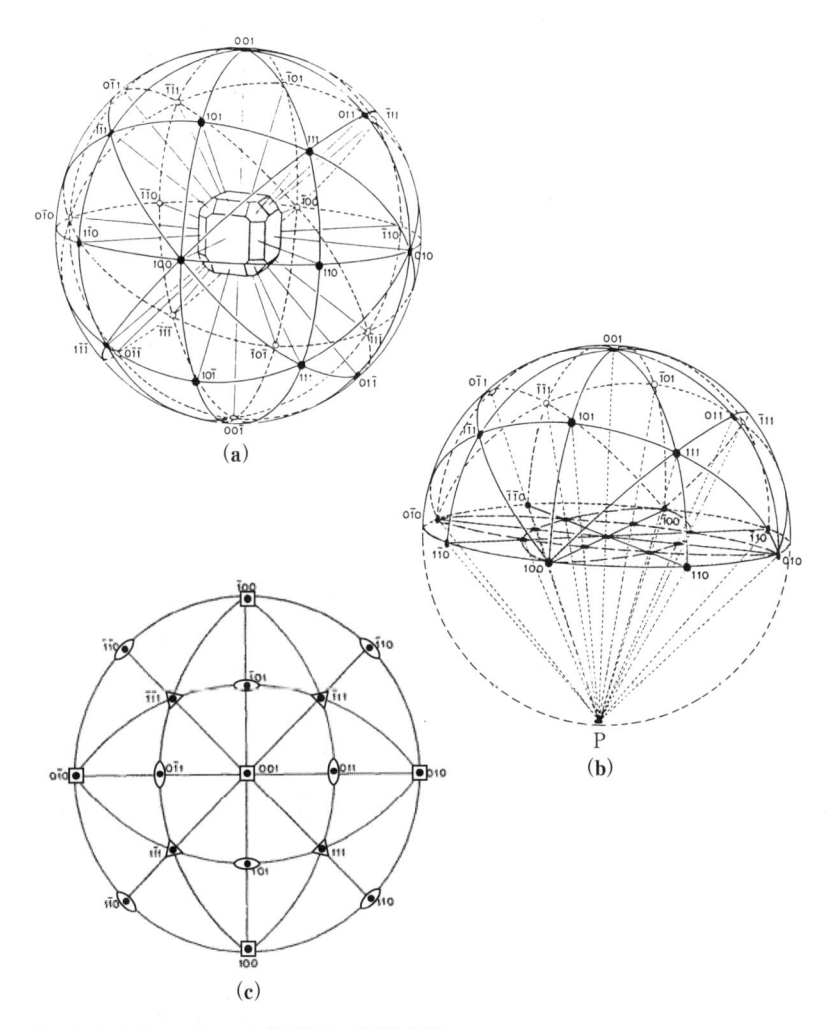

図 8 立方晶のステレオ投影図の作製手順
   (a) 球の中に結晶を置き，面を写す
   (b) (a)の模様を図 7(a)と同じ方法で投影する
   (c) (b)の子午面投影図．全球面（全空間）が合同な 48 個の球面直角三角形で分解される．たとえば，(001), (101), (111)の指数で示される直角三角形を言い，基準球面三角形とも呼ぶ

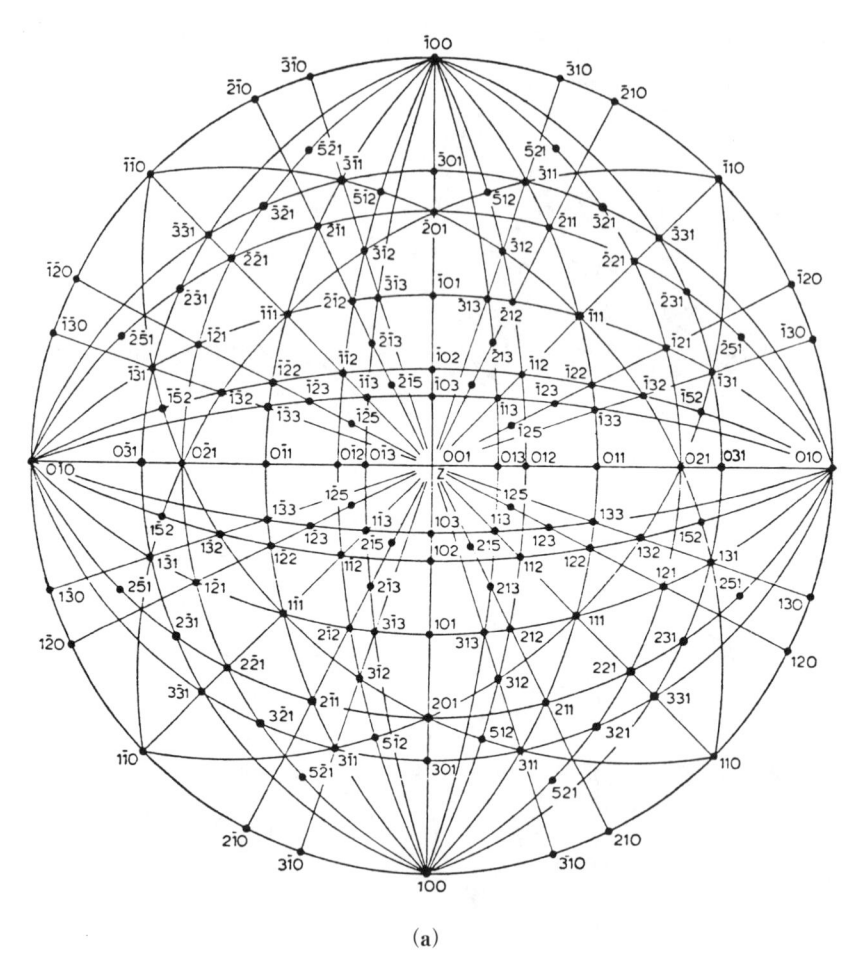

図 9(a) 立方晶の(001)ステレオ標準投影図
点は面(hkl)あるいは方位$[hkl]$を表し，線はすべて晶帯を表す

(b)

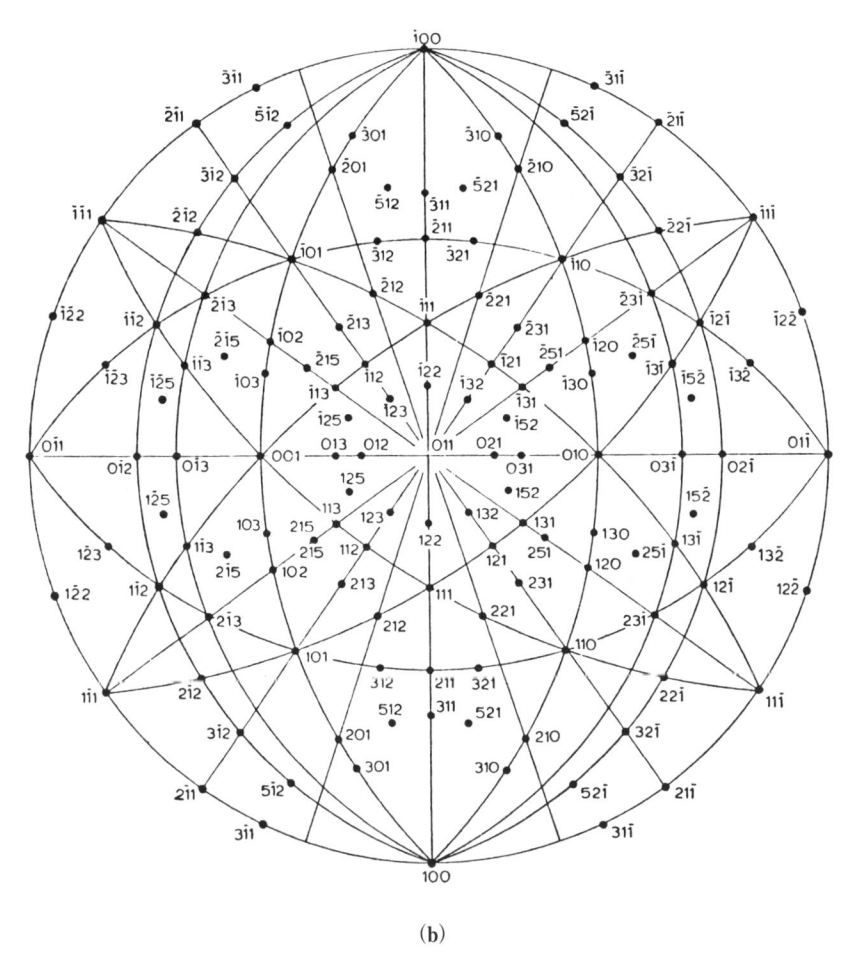

図9(b) 立方晶の(011)ステレオ標準投影図

56 物理学実験—応用編—

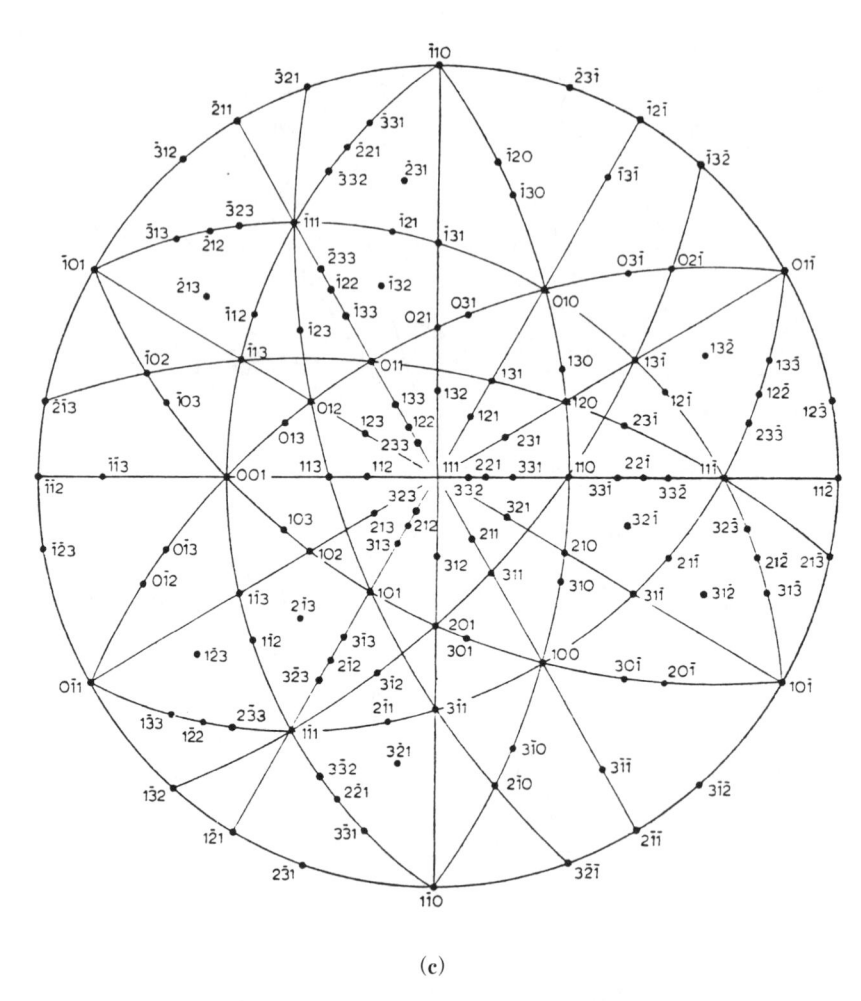

(c)

図9(c) 立方晶の(111)ステレオ標準投影図

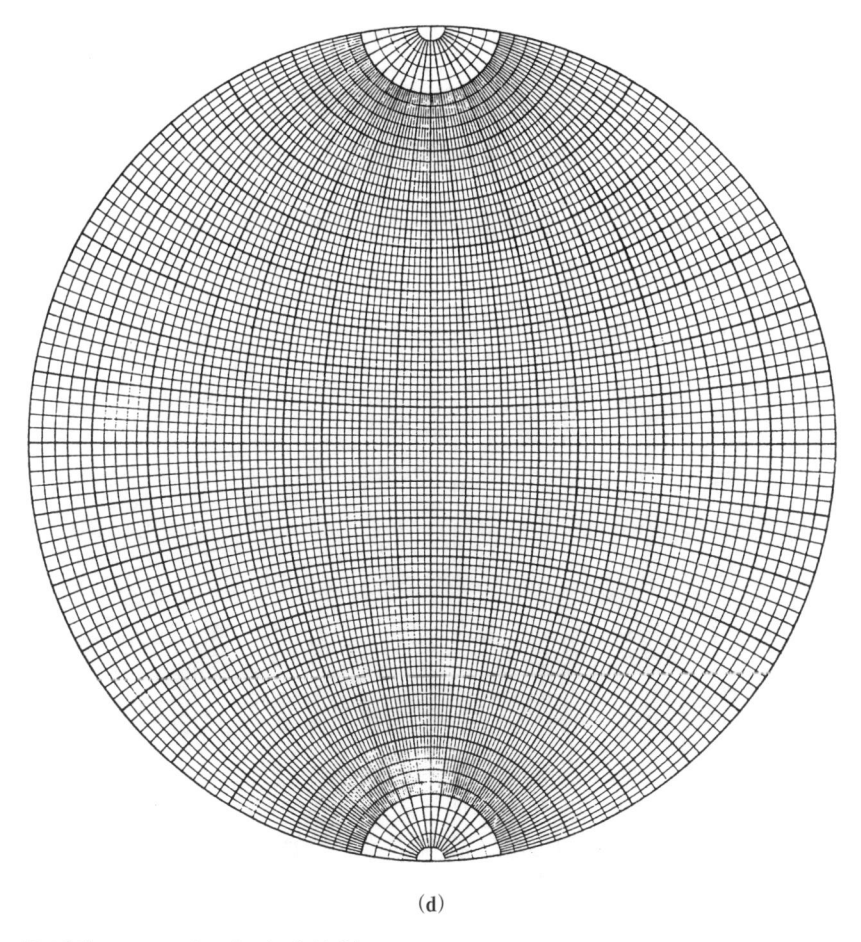

3 X線による結晶の方位決定 57

(d)

図9(d) ウルフネット（2度目盛）
図7(c)の拡大図で，標準投影図(a)，(b)，(c)と直径がそろえてあるから，面間の角度を測るときこれを重ね合わせて用いる

表3(1) 立方晶の面間角度（単位：度）

$h_1k_1l_1$	$h_2k_2l_2$							
100	100	0.00	90.00					
	110	45.00	90.00					
	111	54.74						
	210	26.56	63.43	90.00				
	211	35.26	65.90					
	221	48.19	70.53					
	310	18.43	71.56	90.00				
	311	25.24	72.45					
	320	33.69	56.31	90.00				
	321	36.70	57.69	74.50				
	322	43.31	60.98					
	331	46.51	76.74					
	332	50.24	64.76					
	410	14.04	75.96	90.00				
	411	19.47	76.37					
110	110	0.00	60.00	90.00				
	111	35.26	90.00					
	210	18.43	50.77	71.56				
	211	30.00	54.74	73.22	90.00			
	221	19.47	45.00	76.37	90.00			
	310	26.56	47.87	63.43	77.08			
	311	31.48	64.76	90.00				
	320	11.31	53.96	66.91	78.69			
	321	19.11	40.89	55.46	67.79	79.11		
	322	30.96	46.69	80.12	90.00			
	331	13.26	49.54	71.07	90.00			
	332	25.24	41.08	81.33	90.00			
	410	30.96	46.69	59.04	80.12			
	411	33.56	60.00	70.53	90.00			
111	111	0.00	70.53					
	210	39.23	75.04					
	211	19.47	61.87	90.00				
	221	15.79	54.74	78.90				
	310	43.09	68.58					
	311	29.50	58.52	79.98				
	320	36.81	80.78					
	321	22.21	51.89	72.02	90.00			
	322	11.42	65.12	81.95				
	331	22.00	48.53	82.39				
	332	10.02	60.50	75.75				
	410	45.56	65.16					
	411	35.26	57.02	74.21				
210	210	0.00	36.87	53.13	66.42	78.46	90.00	
	211	24.09	43.09	56.79	79.48	90.00		
	221	26.56	41.81	53.40	63.43	72.65	90.00	
	310	8.13	31.95	45.00	64.90	73.57	81.87	
	311	19.29	47.61	66.14	82.25			
	320	7.12	29.74	41.91	60.25	68.15	75.64	
		82.87						
	321	17.02	33.21	53.30	61.44	68.99	83.14	
		90.00						
	322	29.80	40.60	49.40	64.29	77.47	83.77	
	331	22.57	44.10	59.14	72.07	84.11		
	332	30.89	40.29	48.13	67.58	73.38	84.53	
	410	12.53	29.80	40.60	49.40	64.29	77.47	
		83.77						
	411	18.43	42.45	50.77	71.56	77.83	83.95	
211	211	0.00	33.56	48.19	60.00	70.53	80.40	
	221	17.72	35.26	47.12	65.90	74.21	82.18	
	310	25.35	40.21	58.91	75.04	82.58		
	311	10.02	42.39	60.50	75.75	90.00		
	320	25.06	37.57	55.52	63.07	83.50		
	321	10.89	29.20	40.20	49.11	56.94	70.89	77.40	83.74
		90.00						
	322	8.05	26.98	53.55	60.32	72.72	78.58	84.32
	331	20.51	41.47	68.00	79.20			
	332	16.78	29.50	52.46	64.20	69.62	79.98	85.01
	410	26.98	46.12	53.55	60.32	72.72	78.58	
	411	15.79	39.66	47.66	54.74	61.24	73.22	84.48

表3(2) 立方晶の面間角度（単位：度）

$h_1k_1l_1$	$h_2k_2l_2$							
221	221	0.00	27.27	38.94	63.61	83.62	90.00	
	310	32.51	42.45	58.19	65.06	83.95		
	311	25.24	45.29	59.83	72.45	84.23		
	320	22.41	42.30	49.67	68.30	79.34	84.70	
	321	11.49	27.02	36.70	57.69	63.55	74.50	79.74	84.89
	322	14.04	27.21	49.70	66.16	71.13	75.96	90.00
	331	6.21	32.73	57.64	67.52	85.61		
	332	5.77	22.50	44.71	60.17	69.19	81.83	85.92
	410	36.06	43.31	55.53	60.98	80.69		
	411	30.20	45.00	51.06	56.63	66.87	71.68	90.00
310	310	0.00	25.84	36.87	53.13	72.54	84.26	
	311	17.55	40.29	55.10	67.58	79.01	90.00	
	320	15.26	37.87	52.12	58.25	74.74	79.90	
	321	21.62	32.31	40.48	47.46	53.73	59.53	65.00	75.31
		85.15	90.00					
	322	32.47	46.35	52.15	57.53	72.13	76.70	
	331	29.47	43.49	54.52	64.20	90.00		
	332	36.00	42.13	52.64	61.84	66.14	78.33	
	410	4.40	23.02	32.47	57.53	72.13	76.70	85.60
	411	14.31	34.93	58.55	72.65	81.43	85.72	
311	311	0.00	35.10	50.48	62.96	84.78		
	320	23.09	41.18	54.17	65.28	75.47	85.20	
	321	14.76	36.31	49.86	61.09	71.20	80.72	
	322	18.07	36.45	48.84	59.21	68.55	85.81	
	331	25.94	40.46	51.50	61.04	69.76	78.02	
	332	25.85	39.52	50.00	59.05	67.31	75.10	90.00
	410	18.07	36.45	59.21	68.55	77.33	85.81	
	411	5.77	31.48	44.71	55.35	64.76	81.83	90.00
320	320	0.00	22.62	46.19	62.51	67.38	72.08	
	321	15.50	27.19	35.38	48.15	53.63	58.74	68.24	72.75
		77.15	85.75	90.00				
	322	29.02	36.18	47.73	70.35	82.27	90.00	
	331	17.36	45.58	55.06	63.55	79.00		
	332	27.50	39.76	44.80	72.80	79.78	90.00	
	410	19.65	36.18	42.27	47.73	57.44	70.35	78.36	82.27
	411	23.76	44.02	49.18	70.92	86.25		
321	321	0.00	21.79	31.00	38.21	44.41	49.99	64.62	69.07
		73.40	85.90					
	322	13.51	24.84	32.57	44.52	49.59	63.01	71.09	78.79
		82.55	86.28					
	331	11.19	30.85	42.63	52.18	60.63	68.42	75.80	82.96
		90.00						
	332	14.38	24.26	31.27	42.20	55.26	59.15	62.88	73.45
		80.16	83.46	86.73				
	410	24.84	32.57	44.52	49.59	54.31	63.01	67.11	71.09
		82.55	86.28					
	411	19.10	36.02	40.89	46.14	50.95	55.46	67.79	71.64
		75.40	79.11	86.39				
322	322	0.00	19.75	58.03	61.93	76.39	86.63	
	331	18.93	33.42	43.67	59.95	73.85	80.97	86.81
	332	10.74	21.45	55.33	68.78	71.92	87.04	
	410	34.57	49.68	53.97	69.33	72.90		
	411	23.84	42.00	46.69	59.04	62.79	66.41	80.12
331	331	0.00	26.52	37.86	61.73	80.91	86.98	
	332	11.98	28.31	38.50	54.06	72.93	84.39	90.00
	410	33.42	43.67	52.26	59.95	67.08	86.81	
	411	30.09	40.80	57.27	64.37	77.51	83.79	
332	332	0.00	17.34	50.48	65.85	70.52	82.16	
	410	39.14	43.62	55.33	58.86	62.26	75.02	
	411	31.32	45.29	49.21	55.75	66.30	69.40	84.23
410	410	0.00	19.75	28.07	61.93	76.39	86.63	90.00
	411	13.63	30.96	62.78	73.39	80.12	90.00	
411	411	0.00	27.27	38.94	60.00	67.12	86.82	

角度を読み取れば得られる．このとき緯線は決して使わない（緯線の使用は図7(a)からわかるように，極軸の周りの回転角を読むときだけである）．得られた角度を(5)式を使って確認するとよい．

図9の標準投影図には，面の表示（黒点印）だけでなく，それらを結ぶ何本もの経線が描かれている．これらは図8(a)からわかるように，大円が投影球と交わる交線で，この経線に載っている面方位は，すべて1つの平面上に載っている．これを「晶帯」と呼び，その面に垂直な軸を「晶帯軸」という．代表的な例として，図9(a)の外周の円に乗っているすべての方位は，[001]を晶帯軸とする晶帯である．また，[100]を晶帯軸とする晶帯は，水平な直径に載っている方位（面）となる．その他，[001]より傾く晶帯はいろいろな経線となり，それらの晶帯軸はウルフネットを使って，[001]から赤道上での傾角によって指定できる．図9(b), (c)にも同様な晶帯が何本も描かれている．

表3には，代表的な面間角度が示されている．これらは(5)式からも求められる．もし標準投影図上に考えている面が載っていなかったら，(5)式を使っていくつかの基準方位からの角度を計算し，ウルフネットを使って標準投影図に書き込めばよい．

逆格子ベクトルと格子間隔

固体物理学では逆格子ベクトルが重要な量となっている．その理由は後のX線の回折理論で現れるように，波数ベクトルを表す基本ベクトルとして使われるからである．したがって，以下の基礎的性質はしっかり理解しておかなければならない．

結晶格子の単位ベクトルを a, b, c とするとき，

$$a^* = \frac{b \times c}{a(b \times c)}, \quad b^* = \frac{c \times a}{b(c \times a)}, \quad c^* = \frac{a \times b}{c(a \times b)} \qquad (6)$$

で定義されるベクトルを単位ベクトルに持つ格子を逆格子という．また，(6)式を単位ベクトルにするベクトルを逆格子ベクトルという．これらのベクトルの間には

3 X線による結晶の方位決定

$$a^* \cdot a = b^* \cdot b = c^* \cdot c = 1$$
$$a^* \cdot b = a^* \cdot c = b^* \cdot c = b^* \cdot a = c^* \cdot a = c^* \cdot b = 0 \Big\} \quad (7)$$

なる関係が成り立つ.

結晶が立方晶なら $a^* /\!/ a$, $b^* /\!/ b$, $c^* /\!/ c$ で，次の関係が成り立つ.

$$|a| = \frac{1}{|a^*|}, \quad |b| = \frac{1}{|b^*|}, \quad |c| = \frac{1}{|c^*|} \quad (8)$$

したがって，実空間の格子面群 (hkl) と，逆格子点 (hkl) へのベクトル $r^* = ha^* + kb^* + lc^*$ との間には，

$$\text{格子面}(hkl) \perp r^*$$
$$\text{格子間隔 } d_{hkl} = \frac{1}{|r^*|} \quad (9)$$

なる関係がある.

X線の回折強度

ここでは解説で述べたことを理論的にもう少し詳しく述べる.

電荷 $-e$，質量 m なる電子に単色 $(\lambda = \text{一定})$ の平面波 X 線

$$E = E_0 e^{i(\omega t - k_0 \cdot r)}, \quad |k| = \frac{2\pi}{\lambda} \quad (10)$$

が入射すれば，電子は

$$P = -\frac{e^2}{m\omega^2} E_0 e^{i\omega t}$$

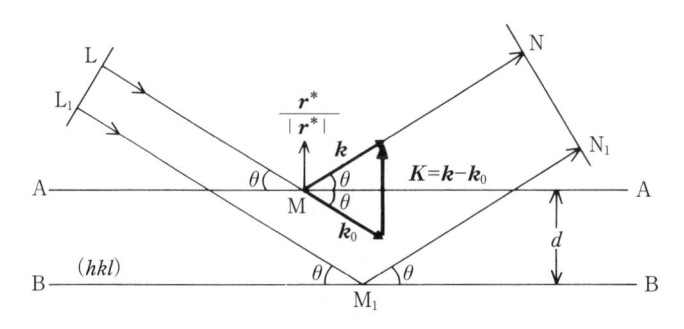

図 10　2 枚の (hkl) 面からの反射（ブラッグ則の説明）

の双極子モーメントを持って振動する．これから放射される2次X線（電磁波）は電磁気学から求められるが，その散乱強度は次式で書ける．

$$I_e = I_0 \left(\frac{e^2}{mc^2}\right)^2 \frac{1}{R^2} \frac{1+\cos^2\theta}{2} \tag{11}$$

ここで，I_0 は入射電磁波の強度 $\dfrac{c \cdot \varepsilon_0 E_0^2}{2}$，$R$ は電子から観測点までの距離，θ は散乱角で，(11)式はトムソン散乱である．

電荷分布 $\rho(r)$ を持つ結晶に，伝播ベクトル $\boldsymbol{k}_0$ の X 線が入射し，ベクトル $\boldsymbol{k}$ を持って反射してゆく場合を考える．図10のように，$\boldsymbol{r}$ だけ離れた2点 M，M₁ からの散乱 X 線の行路差が作る位相差は

$$\delta = \boldsymbol{k} \cdot \boldsymbol{r} - \boldsymbol{k}_0 \cdot \boldsymbol{r} = (\boldsymbol{k} - \boldsymbol{k}_0) \cdot \boldsymbol{r} = \boldsymbol{K} \cdot \boldsymbol{r} \tag{12}$$

である．

弾性散乱だけを考えるから，

$$|\boldsymbol{k}_0| = |\boldsymbol{k}| = \frac{2\pi}{\lambda}$$

であり，図からわかるように，

$$|\boldsymbol{K}| = 2|\boldsymbol{k}_0|\sin\theta = \frac{4\pi}{\lambda}\sin\theta \tag{13}$$

となる．この $\boldsymbol{K}$ を散乱ベクトルという．$\boldsymbol{k}$ 方向の散乱強度は全電荷について積分して次式で書ける．

$$I(\boldsymbol{K}) = I_e \left| \int \rho(\boldsymbol{r}) e^{i\boldsymbol{K} \cdot \boldsymbol{r}} dv \right|^2 \tag{14}$$

散乱後の振幅を $A(\boldsymbol{K})$ とすれば，$I = |A(\boldsymbol{K})|^2$ であるから

$$A(\boldsymbol{K}) = \sqrt{I_e} \int \rho(\boldsymbol{r}) e^{i\boldsymbol{K} \cdot \boldsymbol{r}} dv \tag{15}$$

である．これからわかるように，散乱振幅 $A(\boldsymbol{K})$ を $\sqrt{I_e}$ で割った量

$$f(\boldsymbol{K}) = \frac{A(\boldsymbol{K})}{\sqrt{I_e}} = \int \rho(\boldsymbol{r}) e^{i\boldsymbol{K} \cdot \boldsymbol{r}} dv \tag{16}$$

は，$\rho(\boldsymbol{r})$ のフーリエ積分になっている．原子1個について求められた $f(\boldsymbol{K})$ のことを原子散乱因子（atomic scattering factor）という．

結晶の場合では電子密度 $\rho(\boldsymbol{r})$ は，3次元の周期関数で次式のように表される．

$$\rho(\boldsymbol{r}) = \rho(\boldsymbol{r}' + n_1\boldsymbol{a} + n_2\boldsymbol{b} + n_3\boldsymbol{c})$$

ここで，n_1，n_2，n_3 は正の整数，$\boldsymbol{r}'$ は単位格子内の位置ベクトルである．したがって，(15)式は次のように書き換えられる．

$$\begin{aligned} A(\boldsymbol{K}) &= \sqrt{I_e} \int_{結晶} \rho(\boldsymbol{r}) e^{i\boldsymbol{K}\cdot\boldsymbol{r}} dv \\ &= \sqrt{I_e} \sum_{n_1 n_2 n_3} e^{i\boldsymbol{K}\cdot(n_1\boldsymbol{a}+n_2\boldsymbol{b}+n_3\boldsymbol{c})} \int_{単位格子} \rho(\boldsymbol{r}') e^{i\boldsymbol{K}\cdot\boldsymbol{r}'} dv \end{aligned} \tag{17}$$

積分は1つの単位格子について行えばよい．いま，単位格子内の j 番目の原子の位置を，その単位格子の基準位置からのベクトル $\boldsymbol{r}'_j$ で表すと，

$$\begin{aligned} F(\boldsymbol{K}) &= \int \rho(\boldsymbol{r}') e^{i\boldsymbol{K}\cdot\boldsymbol{r}'} dv = \sum_j e^{i\boldsymbol{K}\cdot\boldsymbol{r}'_j} \int_{j原子} \rho(\boldsymbol{r}') e^{i\boldsymbol{K}\cdot\boldsymbol{r}'} dv \\ &= \sum_j e^{i\boldsymbol{K}\cdot\boldsymbol{r}'_j} f_j(\boldsymbol{K}) \end{aligned} \tag{18}$$

となる．ここで，$F(\boldsymbol{K})$ のことを結晶構造因子と呼ぶ．扱う結晶の大きさを $(N_1\boldsymbol{a} \times N_2\boldsymbol{b} \times N_3\boldsymbol{c})$ なる平行六面体とすれば，(17)式の和の項は次式のようになる．

$$\begin{aligned} G(\boldsymbol{K}) &= \sum_{n_1 n_2 n_3}^{N_1 N_2 N_3} e^{i\boldsymbol{K}\cdot(n_1\boldsymbol{a}+n_2\boldsymbol{b}+n_3\boldsymbol{c})} \\ &= \frac{1-e^{iN_1\boldsymbol{K}\cdot\boldsymbol{a}}}{1-e^{i\boldsymbol{K}\cdot\boldsymbol{a}}} \cdot \frac{1-e^{iN_2\boldsymbol{K}\cdot\boldsymbol{b}}}{1-e^{i\boldsymbol{K}\cdot\boldsymbol{b}}} \cdot \frac{1-e^{iN_3\boldsymbol{K}\cdot\boldsymbol{c}}}{1-e^{i\boldsymbol{K}\cdot\boldsymbol{c}}} \end{aligned} \tag{19}$$

したがって，散乱強度は次式で表せる．

$$I(\boldsymbol{K}) = I_e |G(\boldsymbol{K})|^2 \cdot |F(\boldsymbol{K})|^2 \tag{20}$$

(19)式の $|G(\boldsymbol{K})|^2$ を整理して三角関数で表すと

$$|G(\boldsymbol{K})|^2 = \frac{\sin^2\left(\frac{N_1 \boldsymbol{K}\cdot\boldsymbol{a}}{2}\right)}{\sin^2\left(\frac{\boldsymbol{K}\cdot\boldsymbol{a}}{2}\right)} \cdot \frac{\sin^2\left(\frac{N_2 \boldsymbol{K}\cdot\boldsymbol{b}}{2}\right)}{\sin^2\left(\frac{\boldsymbol{K}\cdot\boldsymbol{b}}{2}\right)} \cdot \frac{\sin^2\left(\frac{N_3 \boldsymbol{K}\cdot\boldsymbol{c}}{2}\right)}{\sin^2\left(\frac{\boldsymbol{K}\cdot\boldsymbol{c}}{2}\right)} \tag{21}$$

となる．この関数をラウエ関数または回折関数と呼ぶ．この関数は h', k', l' を整数とすると

$$\boldsymbol{K}\cdot\boldsymbol{a} = 2\pi h', \quad \boldsymbol{K}\cdot\boldsymbol{b} = 2\pi k', \quad \boldsymbol{K}\cdot\boldsymbol{c} = 2\pi l' \tag{22}$$

のとき非常に大きな値となり，その他のときは急激に小さくなる．
　図10からわかるように，Kは(hkl)面に垂直だから（9）式より

$$K = \frac{4\pi}{\lambda}\sin\theta \times \frac{r^*}{|r^*|} = \frac{4\pi}{\lambda}d\sin\theta \cdot r^* \tag{23}$$

を得る．この両辺にa, b, cをかけて(22)式を用いると

$$2d\sin\theta = n\lambda \quad (n=0, 1, 2, \cdots)$$

となる．ただし，ここでは$n = \dfrac{h'}{h} = \dfrac{k'}{k} = \dfrac{l'}{l}$とおいている．もちろん，これは（3）式のブラッグの反射則そのものである．(22)式のことをラウエの回折条件といい，$h'=nh, k'=nk, l'=nl$をラウエの指数という．またこれらh', k', l'を（4）式に代入すると

$$d_{h'k'l'} = \frac{1}{n}d_{hkl} = \frac{a}{\sqrt{(nh)^2 + (nk)^2 + (nl)^2}} \tag{24}$$

を得るが，これをブラッグの反射則に代入すれば

$$2d_{h'k'l'}\sin\theta = \lambda \tag{25}$$

となる．X線結晶学では，面間隔がd_{hkl}/nであるような仮想的な面$(h'k'l')$を考え，（3）式をそれからの1次反射として(25)式で扱う．
　次に，(20)式の構造因子$F(K)$を考える．単位格子（ブラベー格子）の中の原子位置を

$$r'_j = x_j a + y_j b + z_j c$$

とすれば，(18)式と(22)式より構造因子は次式のように書ける．

$$F(hkl) = \sum f_j e^{i2\pi(hx_j + ky_j + lz_j)} \tag{26}$$

これを用いて代表的な単位格子の構造因子を求めると次のようになる．ただし，単原子結晶を考えて$f_j = f_0$とする．

（1）　単純格子では原子は$(0,0,0)$にのみ原子1個があるから，$F = f_0$

（2）　体心立方格子では，$(0, 0, 0)$と$\left(\dfrac{1}{2}, \dfrac{1}{2}, \dfrac{1}{2}\right)$に原子があるから，

　　　　$h+k+l=$ 奇数のとき　　$F = 0$
　　　　$h+k+l=$ 偶数のとき　　$F = 2f_0$

表4 立方晶（面心，体心）の反射に寄与する面の一覧表
　　　○印が観察される面である．消滅則を決める構造因子の式（(26)式）と比較せよ

$N=(h^2+k^2+l^2)$	hkl indices	$\sqrt{N}=\sqrt{h^2+k^2+l^2}$	bcc	fcc
1	100	1.00		
2	110	1.414	○	
3	111	1.732		○
4	200	2.00	○	○
5	210	2.236		
6	211	2.450	○	
7	—	—		
8	220	2.828	○	○
9	300, 221	3.00		
10	310	3.162	○	
11	311	3.317		○
12	222	3.464	○	○
13	320	3.606		
14	321	3.742	○	
15	—	—		
16	400	4.00	○	○
17	410, 322	4.123		
18	411, 330	4.243	○	
19	331	4.359		○
20	420	4.472	○	○
21	421	4.583		
22	332	4.690	○	
23	—	—		
24	422	4.899	○	○
25	500, 430	5.00		
26	510, 431	5.099	○	
27	511, 333	5.196		○
28	—	—		
29	520, 432	5.385		
30	521	5.477	○	
31	—	—		
32	440	5.657	○	○
33	522, 441	5.745		
34	530, 433	5.831	○	
35	531	5.916		
36	600, 442	6.00	○	○
37	610	6.083		
38	611, 532	6.164	○	
39	—	—		
40	620	6.325	○	○
41	621, 540, 443	6.430		
42	541	6.481	○	
43	533	6.557		○
44	622	6.633	○	○
45	630, 542	6.708		
46	631	6.782	○	○
47	—	—		
48	444	6.928	○	○
49	700, 632	7.00		
50	710, 550, 543	7.071	○	
51	711, 551	7.141		○
52	640	7.211	○	○
53	720, 641	7.280		
54	721, 633, 552	7.349	○	
55	—	—		
56	642	7.483	○	○
57	722, 544	7.550		
58	730	7.616	○	
59	731, 553	7.681		○
60	—	—		
61	650, 643	7.810		
62	732, 651	7.874	○	
63	—	—		
64	800	8.00	○	○

（3） 面心立方格子では，$(0,0,0)$ と $\left(0, \frac{1}{2}, \frac{1}{2}\right)\left(\frac{1}{2}, 0, \frac{1}{2}\right)\left(\frac{1}{2}, \frac{1}{2}, 0\right)$ に原子があるから

h, k, l が奇，偶混入のとき　　$F=0$

h, k, l が偶か奇のとき　　　　$F=4f_0$

（4） ダイヤモンド型立方格子では，2つの fcc 格子を対角方向にその距離の 1/4 だけずらして重ねたものになっている．したがって，原子は

$(0,0,0)\left(0, \frac{1}{2}, \frac{1}{2}\right)\left(\frac{1}{2}, 0, \frac{1}{2}\right)\left(\frac{1}{2}, \frac{1}{2}, 0\right)\left(\frac{1}{4}, \frac{1}{4}, \frac{1}{4}\right)\left(\frac{1}{4}, \frac{3}{4}, \frac{3}{4}\right)\left(\frac{3}{4}, \frac{1}{4}, \frac{3}{4}\right)\left(\frac{3}{4}, \frac{3}{4}, \frac{1}{4}\right)$

にあるから

h, k, l が奇，偶混入のときと，$h+k+l=4n+2$ のとき　　$F=0$

その他のとき　$F=8f_0$

このように，(26)式の指数値の取り方次第で構造因子は0となって，反射線が消えてしまう．これは格子面からの散乱波が，互いに干渉しあって消しあってしまうことを意味する．これを反射の消滅則という．

表4には立方晶である面心格子と体心格子の反射を生じる結晶面が比較されている．

ラウエ法による方位解析の原理

　X線ラウエ法は，結晶の方位を決める手段として最もよく使われている．とくに結晶系がわかっている場合は便利で，これから述べる一連の手法が広く使われている．ところでラウエ法には，図11に示すように，X線，試料，フィルムの，相対的な配置の仕方で，背面ラウエ法と透過ラウエ法の2つがある．一般には前者がよく用いられるが，その理由はX線源がそれほど強くなくてもよい（試料が厚くてもよい）ことと，方位解析が比較的容易で精度も高いからである．そこで本実験でも背面ラウエ法による方位決定を行う．

　図11(a)からわかるように，試料とフィルム間を D [mm]，フィルム上のスポットの位置を中心から測って r_i [mm] とすれば，次の関係式が得られる．

$$\tan(180°-2\theta)=\tan 2\theta=\frac{r_i}{D} \tag{27}$$

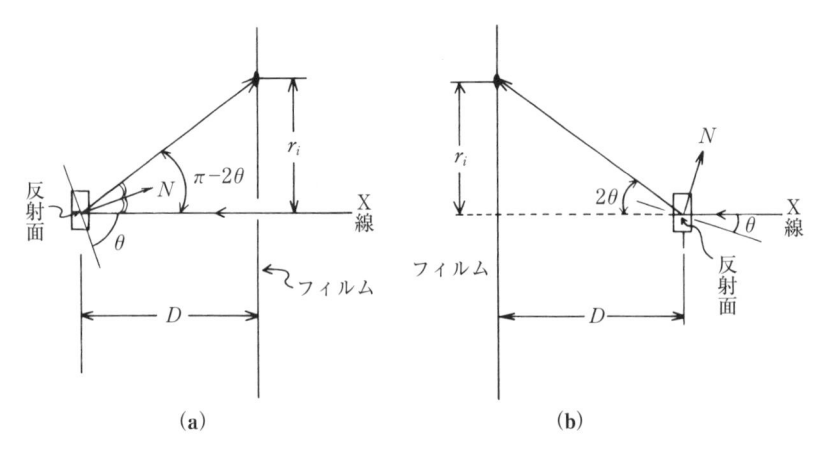

図11 ラウエ法の種類と説明
(a)背面ラウエ法，(b)透過ラウエ法

ここで，θ は入射 X 線が反射面を見込む視射角(glancing angle)[*4] である．もちろん θ は(3)式のブラッグ反射則を満たす．もし入射 X 線が固有 X 線であれば，反射面の面間距離 d と波長 λ との間にはブラッグ条件(25)式が成り立たねばならないから，フィルム上に写る反射スポットの数は選ばれたわずかなものになってしまう．そこでラウエ法では，反射スポットがたくさん写るように，連続 X 線を使って撮影している．したがってフィルム上に写っているスポットは，どれも波長の異なる X 線からなるものと考えてよい．

2. 実　　験

実験課題

　立方結晶（fcc，bcc，diamond）の単結晶試料（アルミニウム(Al)，モリブデン(Mo)，またはシリコン(Si)）の X 線背面ラウエ撮影を行い，得られた撮

[*4] X 線の分野では，反射面の法線と光線のなす角で定義する入射角，反射角を使わず，その余角である視射角を使うことが多い（図2, 図10参照）．

影フィルム上の回折スポットと晶帯の指数付けを行い，X線ビーム（光軸）に対して設置した単結晶試料の方位を決定する．

〈注意〉　実験装置の取り扱い

　本実験では写真処理の手間を省くためポラロイド写真を用いるが，この装置は機構的に微妙でかつ高価であるので，取り扱いには十分注意しなければならない．

　X線を多量に浴びると人体にも影響がおよぶ．しかしこのコースで使うX線の強度は大変弱く，ほとんど問題とならないからあまりに神経質になることはない．とはいえ，むやみに照射を受けないように注意し，使用時間以外は必ず放射口のシャッターを閉じるようにする．とくにX線台上で撮影の準備操作をするときは，線源を正面にせず，側面から操作するようにする．

実験装置と実験手順

X線回折スポットの撮影

（1）　準備するものは次のものである．

（a）試料（AlまたはMoの単結晶）：取り扱いには十分注意すること．わずかな歪みや変形が加わるだけで，反射スポットがかすれたり，または，まったく写らなくなったりすることがある．

（b）イメージングプレート（IP）およびイメージングプレート読み取り装置（株式会社リガク）の使用説明書，および指示板に固定された蛍光板：撮影画像は装備の読み取り装置の画像処理により出力される．

（c）X線源の取扱説明書．

（2）　X線発生源の説明書をよく読んでから，その操作手順に従ってX線を発生させることを試みる．通常，装置はここまで設定ができているのでX線の確認は省いてよいが，初設定の場合は次の手順となる．クーリッジ管球の電圧は約 10 kV，その電流は約 5 mA でよい．蛍光板をX線放射口にできるだけ近づけ，シャッターをわずかに開けて蛍光板で輝くX線ビームを確認する．波長の短いX線は肉眼では見えないが，蛍光剤を輝かすことでやっとわかる．X線放出を確認したら，必ずシャッターを閉めること．

（3）　コリメーターをコリメーター・ホルダーに取り付け，X線放射口にできるだけ接近させて置き，X線がコリメーターを通過し，蛍光板が最も明

るく輝くように，マウント全体の位置を調整する．ただし，マウントはいつも撮影できる状態になっており，マウントの調整は通常は行わなくてよく，X線の確認のみでよい．どうしても調整が必要と思われるときは担当者に相談する．作業が終ったらX線のシャッターを必ず閉じる．

（4）取扱説明書を熟読の上，イメージングプレートをセットする．

（5）試料をゴニオメーター上にコンパウンド（粘土）で固定し，X線が当たる面からイメージングプレート面までの距離を 30 mm にする．カセット内のイメージングプレートの位置はカセットの側面に記されているから，それを基準に測る．

（6）シャッターを開け，X線がカセットホルダーを通過し，確かに試料に当たっていることを確認する．このとき X 線ビームが弱いと思ったら 20 kV，8 mA ぐらいまで上げてもよい．

（7）以上の準備ができたところで，X線光軸（これを z 軸とする）に対する試料の幾何学的位置関係を正確にノートに記録する．X線フィルムには試料形状は写らないから，フィルム上の x 軸，y 軸，z 軸と，試料との幾何学的位置関係を，立体的にスケッチしておくことが大切である．たとえば最初に試料の面を光軸に対して垂直に配置するなどの工夫をし，わかりやすい記録にする．このようにすれば，試料の方位を決定したあと，目的の結晶方位を光軸と合わせるように調整することができる（図12参照）．

（8）撮影の開始．X線源の電圧を約 35 kV，電流を約 15 mA にする．

（9）モリブデンの場合は約2分間の照射後シャッターを閉じる．X線電源の電流を0にし，続いて電圧を0に下げる．ただし，写真がうまく撮れたかどうかを確認するまでは，電源は切らないでそのままにしておく．

（10）イメージングプレート（IP）をホルダーから外し，専用の IP 読み取り装置にセットし手順書に従って画像を印刷する．この際，読み取り装置の画面に示される回折パターンを観察し，画面の左右上下の特徴を記録する．次に印刷した回折パターンが先に記録した特徴と一致するように向きを合わせ，画面の右上に●印などのマークを付ける．次に X 線装置の電源を説明書に従って切り，器具類などを整理する．ただし，管球冷却のため水循環ポンプは一定

3. 解析と考察

背面ラウエ写真の解析法

図 12 は背面ラウエ撮影の光学系を立体的に示したものである．X 線源よりコリメートされたビームは，フィルムの中心点 O（原点になる）を通過して試料内の i 面 $(h_i k_i l_i)$ によって反射され，フィルム上の P_i 点に投射される．$\overline{OP_i} = r_i$ を測れば(27)式から反射角 θ_i が次式のように求められる．

$$\theta_i = \frac{1}{2}\tan^{-1}\left(\frac{r_i}{D}\right) \tag{28}$$

また分度器を使って α_i を測れば，「ステレオ投影」で説明した投影図の作成法に従い，θ_i と α_i （$\overline{OP_i}$ の y 軸からの傾き角）を使って反射面（$(h_i k_i l_i)$）をステレオ投影できる．しかし，このような１点１点の投影作業は大変わずらわしい．そこで，この作業をより簡便にするため，グレニンガー図（後述）を使って角度を読み取る方法，および結晶の対称性をうまく利用し，全体的な回折スポットの配列模様，すなわち，晶帯を表すスポットの配列（双曲線 AB）を利用した方位決定法について説明する．

図 12 の試料は側面に結晶面を出した角柱の構造が含まれているとしている．これはフィルム上に投射されるスポットと反射結晶面との幾何学的関係をわかりやすくするためである．フィルム面（IP 面）は回折した X 線によって感光するから，観察するフィルム面と回折斑点の関係は図 12 のようになり，入射 X 線側はフィルムの裏面となる．角柱の側面である結晶面から反射する X 線は，フィルム上ではすべて双曲線 AB 上に配列する．入射 X 線と側面の法線 N_i とのなす角を $\left(\frac{\pi}{2} - \theta_i\right)$ とすると，その側面からの反射 X 線は，法線 N_i と同じ角 $\left(\frac{\pi}{2} - \theta_i\right)$ の方向にのみ観測される．したがって，反射線は試料位置 (O′) を頂点とする半頂角 $\left(\frac{\pi}{2} - \phi\right)$ の円錐の側面上にあり，その円錐の側面を

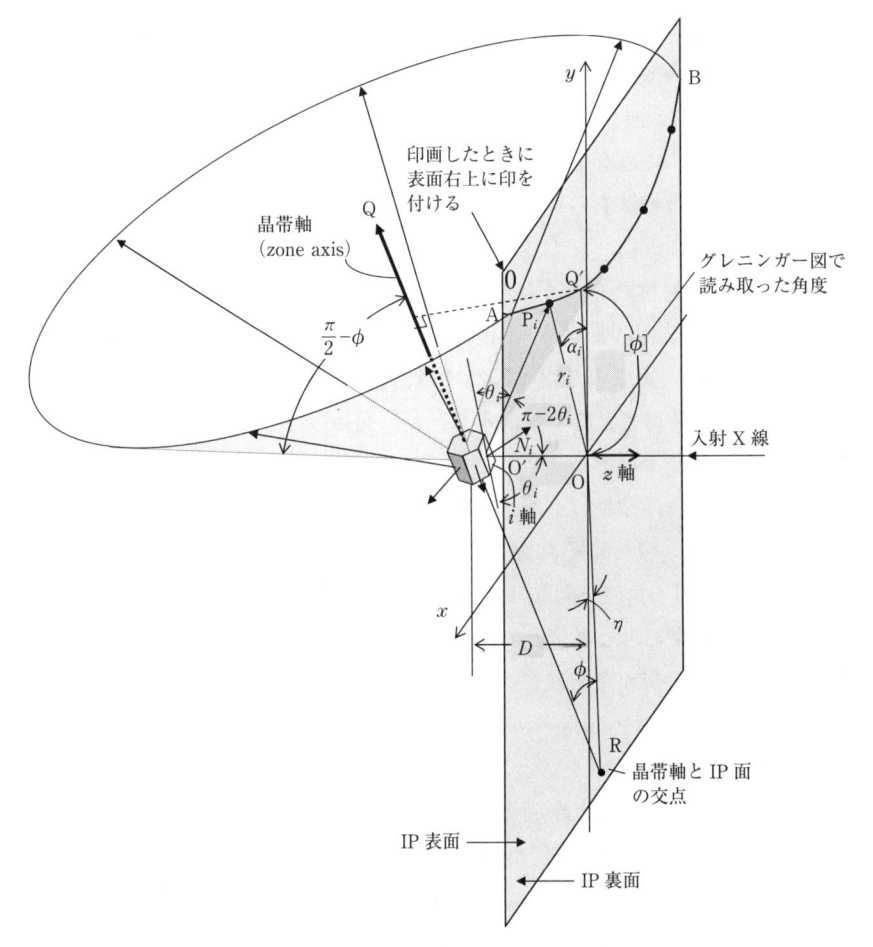

図12 背面ラウエ斑点撮影の光学系の立体図

ϕ：晶帯軸と IP 面のなす角

$\dfrac{\pi}{2}-\phi$：晶帯軸と z 軸のなす角

$[\phi]$：実際は 2ϕ であるがグレニンガー図の上では ϕ と読み取るようになっている．したがって

$\tan(\pi-2\theta_i)=\dfrac{r_i}{D}$ なる関係が成り立っている．

切断するフィルム面との交線 AB が，幾何学的に双曲線（円錐曲線の1つ）となることは明らかである．

さて，「面間隔と面間角度」ですでに説明したように，側面の法線 N_i はすべて晶帯軸 QR に垂直な平面内にある．すなわち，それらは1つの晶帯を作っている．その晶帯軸はもちろん QR 方向である．対称性のよい立方晶では，図 9(a) からわかるように，たくさんの晶帯（実線の経線）があって，その晶帯線の分布は結晶の対称性をよく反映している．先に示した図 9(a) は 4 回回転対称[*5]，同図 (b) は 2 回回転対称，同図 (c) は 3 回回転対称であることは晶帯分布からよくわかる．実際のラウエ写真では，図 12 に示すような双曲線（晶帯）が 1 本や 2 本写るのではなく，何本も互いに交わって写る．したがって，それら晶帯線をステレオ投影し，互いの交点を求めて図 9 の標準投影図と比較すれば，交点が重要な結晶軸（小さい指数の結晶面，または，その軸）となっていることがわかる．さらにそれら交点（結晶軸）と，X 線軸（フィルムの中心軸，z 軸）との間の角度を測れば結晶の方位が定まる．

以上，反射スポットと晶帯との関係について説明したが，次にはこれらを具体的にステレオ投影する方法について説明しよう．それには図 13 に示すようなグレニンガー図（Greninger chart）を用いるのが便利である．この図には，試料とフィルム間の距離を $D=30$ mm としたときの晶帯を表す双曲線群と，その晶帯軸の回転角（η）を測る分度器とを，上下半分ずつに書いて合わせ作った原寸大チャートである．図には晶帯が $\phi=0°$ の軸の周りに 2 度ずつ傾いたときの晶帯双曲線と，さらに，それらと直交する同様な晶帯双曲線群が記されている．

印画紙上のラウエ斑点をこのグレニンガー図を使って，ステレオ投影する方法を図解したのが図 14 である．図 14 では結晶側からラウエ斑点像を見て解析する方法を説明する．もし，X 線入射側から結晶を見たラウエ斑点像を解析したい場合には，印画紙の上にトレーシング紙を載せて位置を写し取り，その

[*5] 4 回回転対称とは 001 軸を中心にして 1 周を $2\pi/4=\pi/2$ だけ回転させると構造が重なることを意味する．

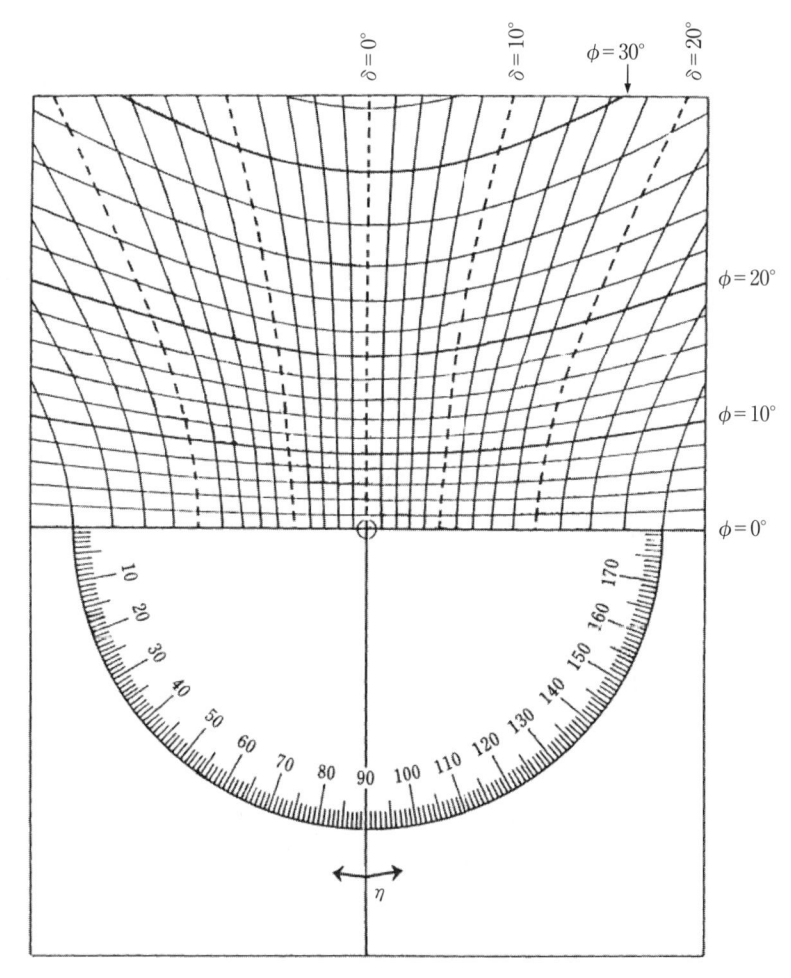

3 X線による結晶の方位決定 73

図 13 背面反射法用のグレニンガー図
$D=30\,\mathrm{mm}$ 用原寸大図

紙を裏返して左右反転の像にし，解析するとよい．

まず記入した印が右上になるように印画紙を置き，中心を通る x 軸，y 軸を記入する．このとき図 12 で定めた z 軸は紙面に垂直で手前から裏面側に向か

74 物理学実験―応用編―

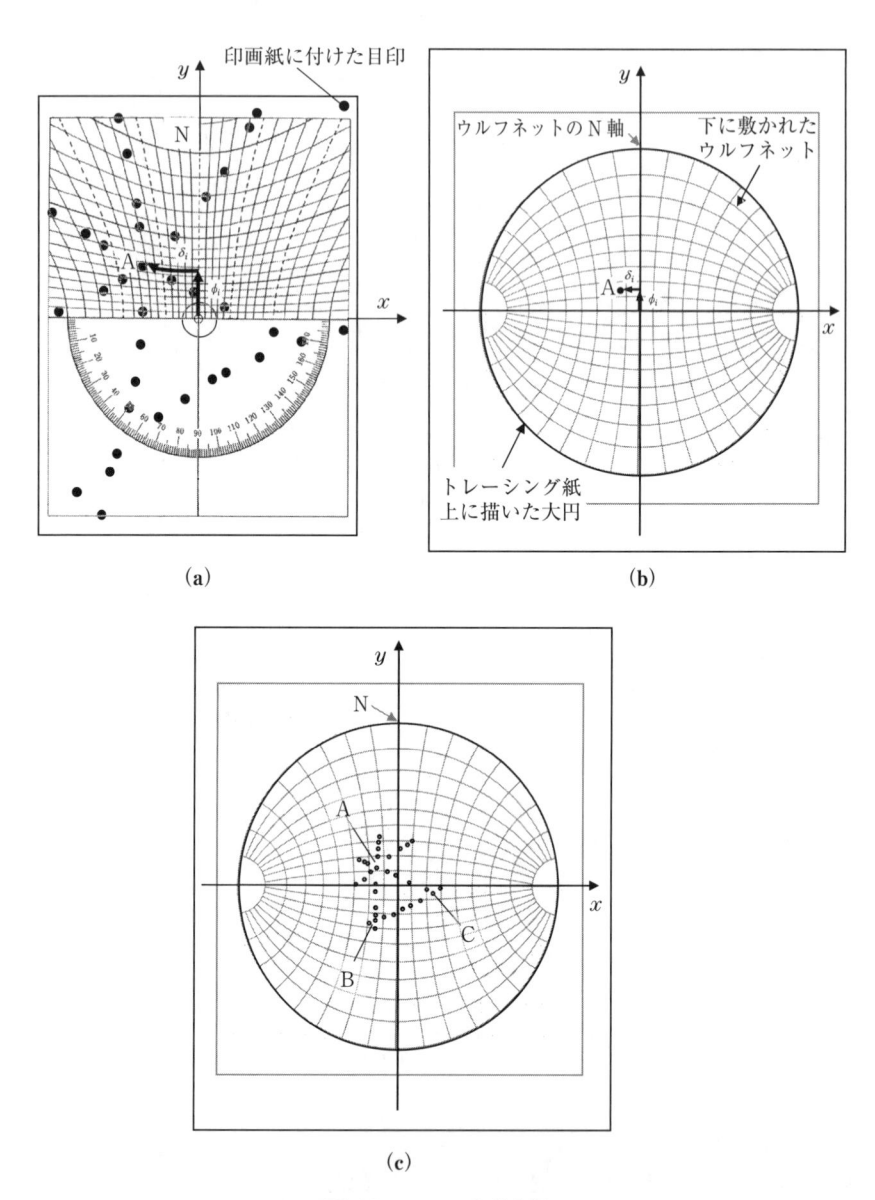

図 14 ステレオ投影法
(a)印画紙とグレニンガー図の重ね方，(b)ウルフネットとトレーシング紙の重ね方，(c)ステレオ投影された図．図の下半分はグレニンガー図を 180° 回転してスポットを読み取る（A 点は{111}の可能性を示唆している）

うことになる．その印画紙上に透明のグレニンガー図を，図 14(a) のように，中心を合致させて重ね，その中心を画鋲で止める．このときグレニンガー図の真上を N 軸とし，印画紙の y 軸と一致させる．もし印画紙が薄い場合は補助の厚紙を貼り中心を補強するとよい．この状態のままで印画紙上のスポットを観察し，最初に，いくつかの晶帯の交点となるスポットに（図では A）着眼し，グレニンガー図でその角度 (ϕ_1, δ_1) 読み取る．これと並行してウルフネットを図 14(b) のように配置し，その上にトレーシング紙を重ね，ウルフネットの中心を通り互いに直行する直線をトレーシング紙上に引き x 軸，y 軸とし，さらに，その交点を中心（z 軸）にしてウルフネットの外円周と一致する大円を画く．これらの軸は，印画紙上の x 軸，y 軸と 1 対 1 に対応する．図 14(b) のウルフネット上の N 軸はグレニンガー図の N 軸に対応している．こちらも 2 枚の中心軸がずれないように画鋲でピン止めする．この状態で，グレニンガー図で読み取った印画紙上の個々のスポットの角度 (ϕ_i, δ_i) をウルフネット上の目盛を使ってトレーシング紙に順次プロットする．上半分が終了したらグレニンガー図だけ 180° 回転し，下半分についてもこの作業を繰り返して確認できるスポットをすべてトレーシング紙にステレオ投影する．図 14(c) は印画紙上のスポットをトレーシング紙にステレオ投影した結果を示す．図からわかるように投影されたスポットはウルフネット図の中央部分に集中する．したがってステレオ投影図から晶帯を探し出すためには，印画紙の隅の方のスポットまでグレニンガー図を使ってステレオ投影することが大切である．図 14(c) から明らかなようにスポット群の中の点 A，B，C はいくつかの晶帯が交差する，指数が低く，対称性のよい軸であることを示す（たとえば点 A は 3 回回転対称を持つ{111}ファミリーの可能性を示唆している）．

次に，それのスポットから，晶帯を描く作業に入る．印画紙は動かさずにグレニンガー図だけを原点の周りに回転させ，印画紙上のスポットの配列（晶帯）がグレニンガー図のいずれかの双曲線上に載る回転角をさがす（図 15(a) 参照）．もし一致したら（今は A～B とするが），グレニンガー図の目盛を使って $\phi°$ と $\eta°$ を読み取る．もちろん実際には，2° 間隔の曲線と完全一致するのはまれだから，描かれていない線の端数角度は推定して読み取る．この作業は

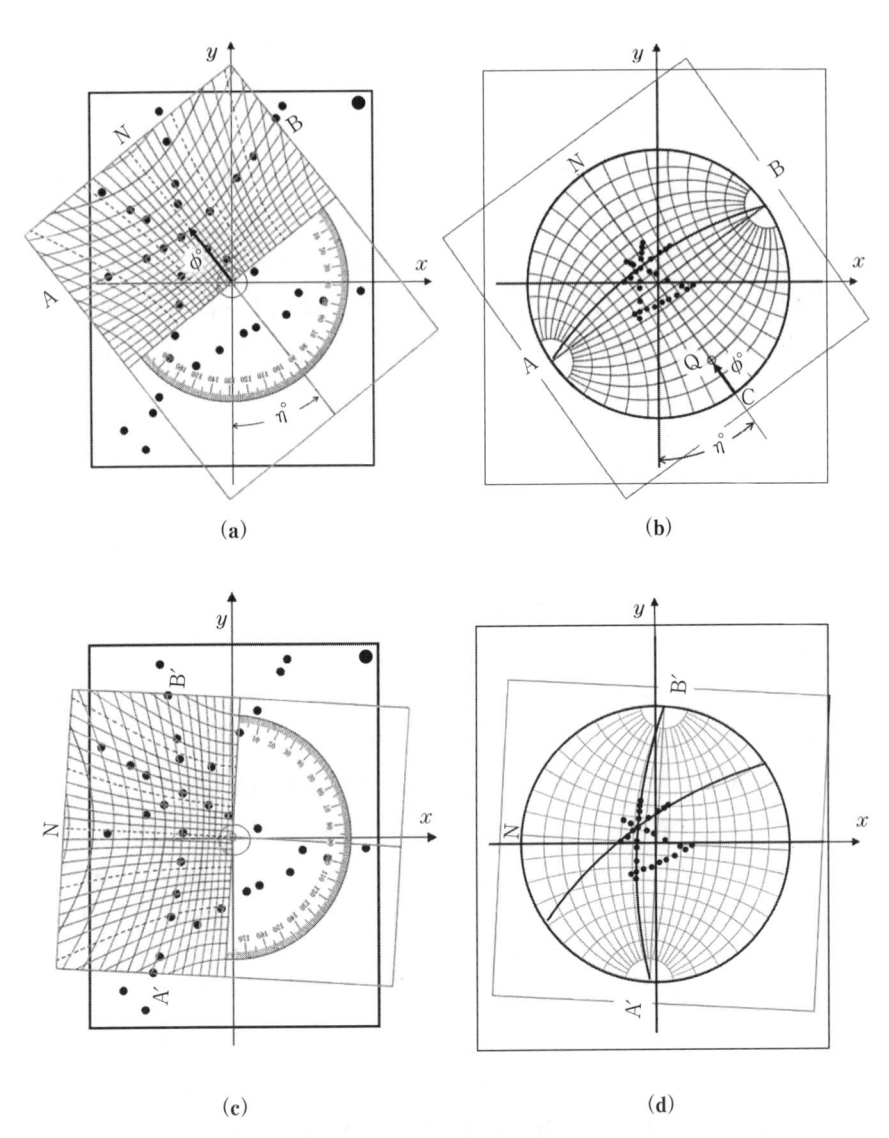

図15 晶帯と晶帯軸の求め方
(a),(c)はグレニンガー図によるそれぞれの晶帯の(ϕ, η)の決定法.(b),(d)はウルフネットを使った晶帯の描き方を示し,(a)と(b)が対応し,(c)と(d)が対応する

同時にステレオ投影図とウルフネットの組み合わせでも行う．図15(a)の場合と同じく，スポットの記入されたステレオ投影図は動かさず，物差しとなるウルフネットだけを，グレニンガー図の回転と同じ向きに，同じ角度 $\eta°$ だけ回転させるとステレオ投影図のスポットの並びと一致するウルフネットの経線が見つかるから，ステレオ投影図上にその経線沿って弧 AB を描く．さらに，ウルフネットの赤道上で外周 C から $\phi°$ だけとった点をステレオ投影図上に点 Q として記入する．晶帯線 AB は原点 O から $\phi°$ のところの経線が選ばれているから点 Q は赤道上で晶帯と 90° の角度をなし，晶帯 AB の晶帯軸であることがわかる．同様にして他の晶帯および晶帯軸を決定する．一連の作業でわかったと思うが，この作業はステレオ投影が正確になされていれば，ステレオ投影図とウルフネットだけでも進めることができる．ステレオ投影したスポットの位置が不確実と思われるときや，スポットが集中しすぎて晶帯を描く線が定まらないときは，図15(a), (b)のように作業を組み合わせ，晶帯および晶帯軸を決定するとよい．

最後に，反射スポットが少なく，晶帯線が見られない場合のステレオ投影について説明する．それは個々のスポットの θ_i と α_i を，グレニンガー図のみを使って求め，ステレオ投影する方法である．

前述したように，図15(a), (b)のように準備する．画像上の 1 つのスポット P_i を取り上げて説明する．グレニンガー図だけを回して，その $\delta=0°$ の軸上に P_i を乗せる．そこでその軸上で原点 O からの角度 ϕ_i を読み，同時に，その軸を分度計側に延長した軸と画像の $-y$ 軸とのなす角 η_i ($=\alpha_i$) を読み取る．次にこれらをステレオ投影するには，図15(b)に示すようする．まず，ウルフネットを O 点の周りで回転し，$-y$ 軸と赤道とのなす角が α_i ($=\eta_i$) となるようにする．そこで O から赤道上の目盛を追って ϕ_i となる点を求め，それを黒点でマークすればよい．このとき角度 α_i の符号（回転の向き）を間違えないようにする．その他のスポットも同様にしてステレオ投影する．

結晶方位を決めるには，できるだけ多くの晶帯線（経線）を引くことが重要である．図 16 は，実際のラウエ写真をステレオ投影した完成図の一例である．大円の中には，点線で表す晶帯線が何本も書かれているが，これらは画像上に

78 物理学実験―応用編―

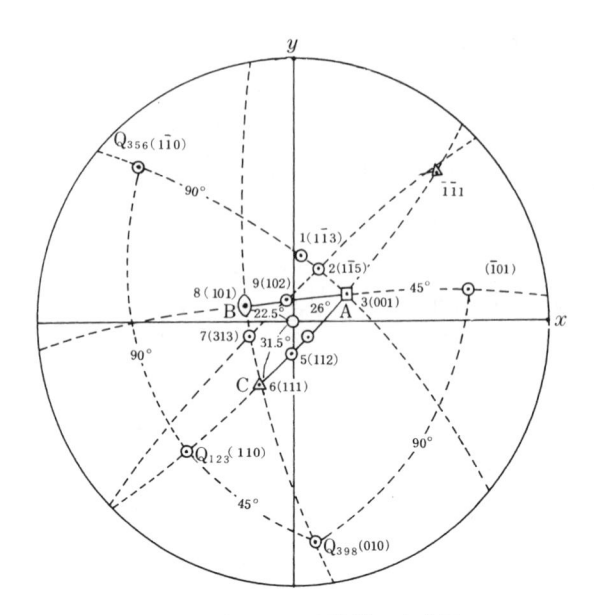

図16 でき上がったステレオ撮影の完成図
基準球面三角形△ABCを求め，それらの頂点と原点とのなす角を決める
($\xi=26.0°, \eta=22.5, \zeta=31.5$)
Q_{356} は 3(001)，5(112)，6(111) を通る晶帯の軸を意味する

撮影できたものではなく，スポット分布から推定して書き込んだものである．画像上に写るスポットは，(28)式からもわかるように，ほとんど中心（z軸）の周り約 30° 以内の結晶面からの反射に限られる．晶帯線の分布模様とそれら交点の位置を，図9の標準投影図と比較すると，結晶面（軸）の対応がおのずとわかってくる．結晶軸が X 線に対して妙に傾いている場合には対応が多少難しくなるが，それでも幾何学的関係をじっくり見ればわかる．その場合の手ほどきになるのは，次に述べる3本の晶帯線で囲まれた<u>基準球面直角三角形</u>を探し出すことである（図8(c)参照）．たとえば図16の例図では，交点 A，B，C で作る球面直角三角形は，標準投影図の3つの頂点を (001, 101, 111) とす

る球面直角三角形にほかならない.立方晶系では対称性が大変よいため,いかなる方位も,全球面の48等分されたこの球面直角三角形の中の1点で記述されてしまう.したがって本実験の最終目標は,照射X線の方向(すなわちセットした試料のz軸)が,1つの球面直角三角形の頂点からどれだけ傾いているかを決めることにほかならない.図16では,頂点からの偏り角(ξ, η, ζ)が示されている.それらの角度の読み取りは,同図の上にウルフネットを重ねて容易に読み取れる.

最後に各スポットの指数づけについて説明する.それには図9(a),(b),(c)の標準投影図と,面間角の表3を利用する.ステレオ投影された各スポットと,⟨001⟩,⟨011⟩,⟨111⟩の各軸(あるいは(001),(011),(111)の各面)からの傾きを,ウルフネットを使って測り,標準投影図や表3の値と一致する軸指数(あるいは,面指数)をさがす.この場合,「X線の回折強度」で述べたように,反射面によっては構造因子Fが0になるため,反射スポットが観察されない場合があることに注意しなければならない.その判定は(26)式によってできるが,表4には,fcc構造とbcc構造について,比較的低指数の面についての反射の合否が示してある.

[参考文献]

1) カリティ:X線回折要論,アグネ(1961)
2) E. A. Wood: Crystal Orientation Manual, Columbia University Press (1963)
3) 仁田勇監修:X線結晶学(上),丸善(1959)
4) 平林 真,岩崎 博 共訳:X線結晶学の基礎,丸善(1973)

4 半導体のホール効果

> **目 的**
> 半導体試料を用いてホール効果の測定を行い，電流を作っている電荷の担い手（キャリア）の電磁気的性質について学ぶ．

1. 解　説

原子の凝集と固体形成

よく知られるように，原子は正の電荷を持つ原子核を中心に，その周りを負の電荷を持つ電子が周回運動している系からなっている．その電子は原子番号の数だけあり，原子核からのクーロン力と量子力学的条件によって殻状（K, L, M, …殻）に分布し，さらにその殻内では，不連続なエネルギー状態の軌道（s, p, d, …軌道）を描いて運動している．このような原子がたくさん集って互いに接近すると，各原子の軌道電子は近接するイオン芯からのクーロン力を受けるようになる．そして，各イオン芯のクーロンポテンシャルを多くの電子が共有することによって，全体の自由エネルギーをできるだけ低くしようとする．

このとき，電子間やイオン間にクーロン反発力も働き，系のエネルギーを増加させることも起きるが，それらを相殺し，かつ余分のエネルギー減少が見込まれると原子間の凝集が進む．さらにまた集まってきた原子がでたらめの集団ではなく，規則的な配列をとって凝集すると全体のエネルギーは一層低くなる．それだから通常原子は結晶格子を作って最も安定な状態になる．実際，ほとんどの固体はその大きさを別とすれば結晶となっている．したがってこのような固体には，結晶構造はもちろん，力学的，電磁気的，熱的諸性質に，原子

の凝集過程で生じた電子系のエネルギー状態の違いが現れる．

金属内の伝導電子

　話を簡単にするため，金属として1価のナトリウム(Na)を例に取って説明する．図1(a)はN個のNa原子が集まって結晶格子を作るときの電子系のエネルギーを，格子間隔を横軸に取って図示したものである．孤立原子の電子構造は$1s^2 2s^2 2p^6 3s^1$で，図には2pより下位のエネルギー変化は示されていない．各軌道の電子は不連続なエネルギーを持っているが，原子同士が接近してくると次第にエネルギー準位に幅ができてくる．これは上で述べた電子と近接原子との相互作用の結果で，その影響は原子の外側に配置した軌道電子ほど大きい．Naの最外殻にある1個の3s電子（価電子）では，原子同士がちょうど結晶格子間距離（$a=0.428\,\mathrm{nm}$）まで接近すると，電子は，もはやもとの原子のみに局在せず，N個の原子全体にまたがる新しい軌道を描いて運動する．その軌道は原子のある位置では本来の3s軌道に似た形をしているが，結晶全体に広がるもので，ブロッホ軌道と呼ばれている．

　ブロッホ軌道は組み合わせ方の違いで，原子の数に等しい数，すなわち，N個あり，それぞれの軌道はわずかずつ異なったエネルギー状態にあるので，図1のような広がったエネルギー・バンド（図の網掛けの部分で，この中はN本の準位の群を作っている）を形成する．一般には結晶を構成する原子の数が非常に多いので，このようなバンドの中のエネルギー準位はほとんど連続分布していると考えてよい．また，内殻の電子もエネルギー・バンドを作っているが，その広がり方は小さいのでバンドとバンドは重ならず，エネルギー状態のない領域E_g（禁制帯）が残される[*1]．結晶内の電子はすべて，このようなエネルギー準位を低い方から，スピン状態を変えて2個ずつ，パウリの禁制原理に従って占有していく．ところでNaの3sバンドは，スピン状態を考慮すると$2N$個のエネルギー準位を作っているのに，Naは1価の原子なので電子は

[*1]　エネルギー・バンドは，理論的には結晶内電子の周期的ポテンシャルを入れたシュレディンガー波動方程式を解いて求められる．これをバンド理論という．

4 半導体のホール効果 **83**

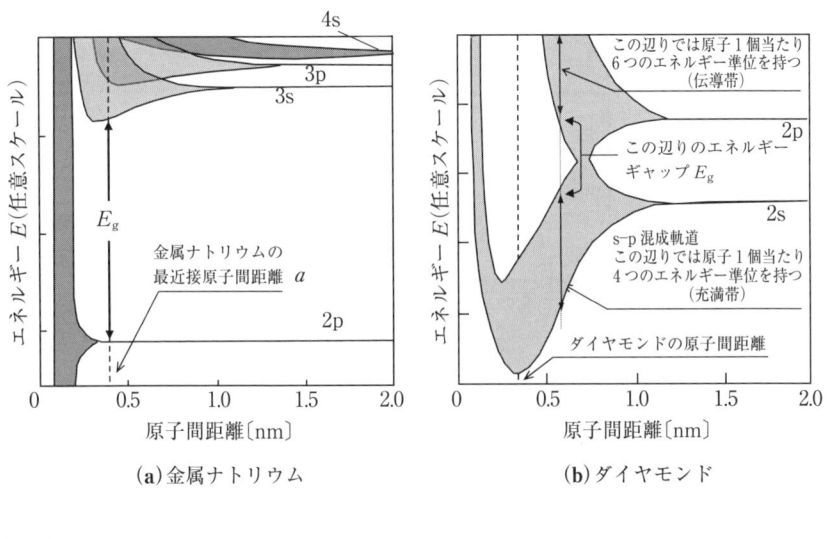

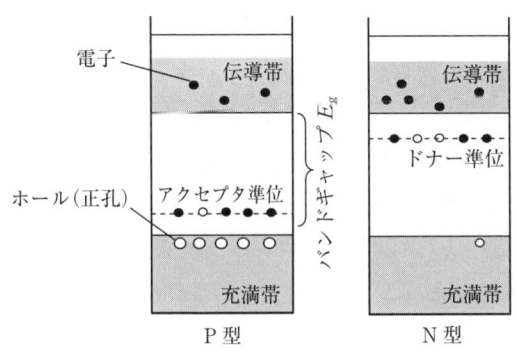

(a) 金属ナトリウム

(b) ダイヤモンド

(c) 半導体のバンド構造

図1 エネルギー準位の変化

N個しかない．したがって，このバンドはちょうど中間までしか電子が埋まらない．この埋め終った最終（最高）のエネルギー準位をフェルミ準位（E_F）と呼ぶ．しかし有限温度では，フェルミ準位付近の電子は，格子系と熱エネルギーのやりとりをするため，その境界準位はさだかでない．それを熱統計力学的に説明しよう．

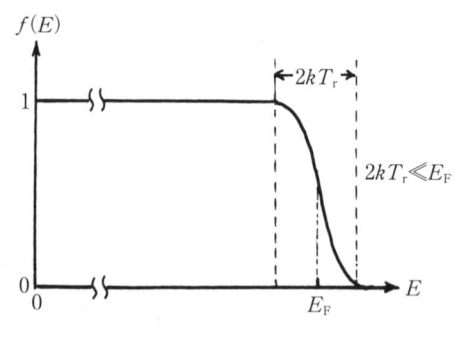

図2 フェルミ分布

　高密度の金属内電子がエネルギー E の状態を占める確率は，フェルミ-ディラック(Fermi-Dirac)量子統計によって次式で表される．

$$f(E) = \left[1 + \exp\left(\frac{E-E_F}{kT}\right)\right]^{-1} \quad (1)$$

Na では $E_F \simeq 3.1\,\mathrm{eV}$ であるから，室温の熱エネルギー $kT_r \simeq 0.025\,\mathrm{eV}$ と比べると，$E_F \gg kT_r$ である．このことは，$f(E)$ が図2のように，エネルギーが

$$E_F - kT_r \leq E \leq E_F + kT_r$$

の間で，1 から 0 に急激に変わる関数であることを意味する．すなわち，3s の価電子の大部分は，$(E_F - kT_r)$ 以下のエネルギー順位をがっちり占めていて，室温付近ではその状態を変えることはない．このような状態を統計学では縮退しているという．E_F 付近の幅 kT_r の準位を占めるわずかな電子のみが，E_F よりすぐ上の空いた準位へ移りながら外部電場によって加速され，結晶内を自由に動く電荷のキャリアとなっている．

半導体の電荷のキャリア

　次に半導体の例として図1(b)に示すダイヤモンドを取り上げて述べよう．炭素原子の電子構造は $1s^2 2s^2 2p^2$ で，最外殻は 2s 軌道に 2 個，2p 軌道に 2 個の計 4 個の価電子を持っている．ここでも N 個の原子が集まって接近する場合を考えると，やはり各軌道のエネルギー準位はバンド状に広がってくる．し

かし，2s軌道と2p軌道の電子のエネルギー準位が比較的近いため，原子がある距離まで接近したところで，両方のバンドが互いに重なるようになる．その結果，両軌道の電子は互いに相互作用しあって，図1(b)のような新しい2つのエネルギー・バンドを形成する．孤立原子では2s準位に2個，2p準位に6個の計8個の準位があったのだが，新しくできた2つのバンドはそれぞれ$4N$個ずつの準位を持っているので，炭素原子全体の$4N$個の価電子はすべてエネルギーの低い下のバンドにちょうどおさまる．したがって，$T=0$〔K〕では，エネルギー・ギャップE_gだけ離れた上のバンドには電子が入ることができず，外からいくら電場を加えても価電子は自由に移りうる直上の準位がないため，運動できず電流をつくらない．しかし有限温度では，熱的助けによって下方のバンド（充満帯）にあった電子の一部が，ギャップE_gを飛び越えて上方のバンド（伝導帯）に現れる．ひとたび上がった電子は，今度は上に連続した準位があるので，電場によって自由に加速され，電流を作ることができる．

　いま温度T〔K〕で，電子が伝導帯のエネルギー準位Eを占める確率を考えてみよう．普通の半導体では$E_g \simeq 1\,\mathrm{eV}$なので，室温の熱エネルギー$kT_r \simeq 0.025\,\mathrm{eV}$を使って換算すると，$E_g \simeq 40kT_r$となる．また，半導体の$E_F$はギャップのほぼ中間になるので，（1）式で$E-E_F \gg kT$だから近似的に

$$f(E) \simeq \exp\left(-\frac{E-E_F}{kT}\right) \tag{2}$$

としてよい．これはマクスウェル-ボルツマン（Maxwell-Boltzmann）統計の分布関数である．説明例として挙げたダイヤモンドのエネルギー・ギャップは室温付近で$E_g \simeq 5.33\,\mathrm{eV}$なので，シリコンの$E_g \simeq 1.11\,\mathrm{eV}$，ゲルマニウムの$E_g \simeq 0.66\,\mathrm{eV}$と比べるとかなり大きい．電気伝導度は（2）式に比例するとしてよいから，ダイヤモンドはシリコンやゲルマニウムに比べて電気伝導度は非常に小さく，絶縁体としてよい．次に，電子が充満帯から飛び出してできた"ぬけがら"について考えよう．そこは原子と結合していた軌道電子がなくなったところで，炭素のイオンC^+ができた場所とも見なせる．このような電子の"ぬけがら"は隣接原子と共鳴して，あたかも正の電荷が運動しているように振舞い，正の電荷を運ぶキャリアとなる．これを正孔（hole）といい，半

導体のもう1つの特徴的なキャリアである.

　以上述べた半導体は，電子濃度 n，正孔濃度 p が等しい真性半導体であったが，次に"不純物半導体"について説明しよう．半導体に不純物が含まれると，不純物による新しい準位が図1(c)のように禁制帯の間にできる．このような半導体は，母体原子の価数に比べて不純物原子の価数が大きいか小さいかによって，n型かp型かに分かれる．前者は伝導帯のわずか下方に"ドナー準位"と呼ばれるエネルギー準位を作り，伝導帯への電子の供給源として役立ち，後者は充満帯よりわずか上方に"アクセプタ準位"と呼ばれるエネルギー準位を作って，充満帯への正孔の供給源として役立つ．したがって，不純物半導体の電気的性質は，中に含まれる不純物原子の種類と濃度によって異なってくる.

電気伝導現象

　金属と半導体との違いを，エネルギー・バンド構造からながめてきたが，次には，そのような固体に電場と磁場が加えられたとき，荷電粒子（あるいはキャリア）がどのような運動をし，電流あるいは電圧として観測されるかを調べてみよう.

　平均寿命 τ でブラウン運動をする自由電子ガスをモデルにとって考えよう．そのときの電子の運動方程式は，次のように表される.

$$m\frac{d\bar{v}_D}{dt}+m\left(\frac{\bar{v}_D}{\tau}\right)=F \qquad (3)$$

ここで，$\bar{v}_D$ は平均ドリフト速度で，個々の電子速度 v_i の平均値として，次式で表される.

$$\bar{v}_D=\frac{1}{N}\sum_{i=1}^{N}v_i \qquad (4)$$

また，F は個々の電子に働く外力の平均値で，ここでは一様な電場 E によって与えられるとすると，運動方程式は

$$m\frac{d\bar{v}_D}{dt}+m\left(\frac{\bar{v}_D}{\tau}\right)=-eE \qquad (5)$$

となる．ここで m は電子の質量である．電場を与えてから十分時間が過ぎれば，電子の流れは定常状態になって $\dfrac{d\bar{v}_\mathrm{D}}{dt}=0$ としてよいから，電子のドリフト速度は

$$[\bar{v}_\mathrm{D}]_\infty = -\frac{e\tau}{m}\boldsymbol{E} \tag{6}$$

となる．したがって自由電子密度を n とすると，定常電流密度 $\boldsymbol{i}$ は次のように表される．

$$\boldsymbol{i} = -en[\bar{v}_\mathrm{D}]_\infty = \left(\frac{ne^2}{m}\right)\tau\boldsymbol{E} \tag{7}$$

オーム(Ohm)の法則は $\boldsymbol{i}=\sigma\boldsymbol{E}$ であるから，伝導度 σ と抵抗率 ρ は次のようになる．

$$\sigma = \frac{1}{\rho} = \frac{ne^2\tau}{m} \tag{8}$$

電子の動きやすさを表す量として易動度（mobility）μ を

$$-[\bar{v}_\mathrm{D}]_\infty = \mu\boldsymbol{E} \tag{9}$$

で定義すると，(6)，(8)式から次式を得る．

$$\mu = \frac{e\tau}{m}, \quad \sigma = en\mu \tag{10}$$

　前に述べたように，半導体のキャリアには電子と正孔とがあるから，それぞれの密度を n，p とし，関連する諸量にも添字 n，p をつけて区別すると次式を得る．

$$\mu_\mathrm{n} = \frac{e\tau_\mathrm{n}}{m_\mathrm{n}}, \quad \sigma_\mathrm{n} = en\mu_\mathrm{n} \tag{11}$$

$$\mu_\mathrm{p} = \frac{e\tau_\mathrm{p}}{m_\mathrm{p}}, \quad \sigma_\mathrm{p} = ep\mu_\mathrm{p} \tag{12}$$

ここで e は電荷素量である．外部電場が与えられると，流れる電子と正孔とは互いに逆方向に動くから，電流の向きは同じとなって全電気伝導度は次のように表される．

$$\sigma = \sigma_\mathrm{n} + \sigma_\mathrm{p} = en\mu_\mathrm{n} + ep\mu_\mathrm{p} \tag{13}$$

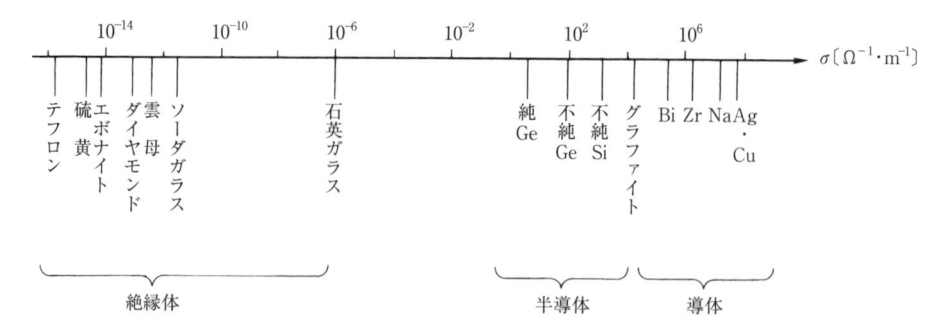

図3 いろいろな固体の電気伝導度の比較

いくつかの物質の電気伝導度をスケール上で比較すると図3のようになる．

次に，電場と磁場とが同時に与えられているときの，荷電粒子の運動について考える．それは（3）式の F に，電荷 q の粒子が速度 v_D で動くときに受けるローレンツ(Lorentz)力

$$F = qE + qv_D \times B \tag{14}$$

を代入して解けばよい．定常状態の条件 $\dfrac{dv_D}{dt} = 0$ を用いれば，運動方程式は次式となる．

$$m\frac{v_D}{\tau} = qE + qv_D \times B \tag{15}$$

ただし，ここでは，$v_D = [\bar{v}_D]_\infty$ を意味している．

ホール効果

図4のように，断面積 $S = w \cdot t$，長さ l の試料内を，電荷 q を持つ密度 n の荷電粒子が，試料軸（x 軸）方向に定常速度 v_x で流れているとする．厚みの方向（z 軸）から一様な外部磁場 B_z を与えると，(15)式から次式を得る．

$$\frac{m}{\tau}v_{Dx} = qE_x + q(v_{Dy}B_z - v_{Dz}B_y) = qE \tag{16}$$

$$\frac{m}{\tau}v_{Dy} = qE_y + q(v_{Dz}B_x - v_{Dx}B_z) = qE_y - qv_{Dx}B_z = 0 \tag{17}$$

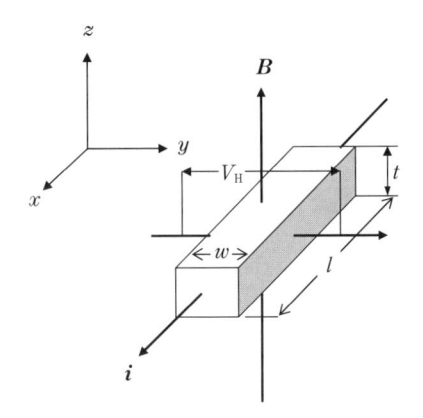

図 4 ホール効果の測定．電流密度 *i*，磁束密度 *B*，測定電圧 *V* の方位関係

ただし，ここで $v_{Dy}=v_{Dz}=0$，$B_x=B_y=0$ である．

(16)式はオームの法則（(7)式）を意味し，(17)式は外部磁場によって新たに電場 E_y が生じたことを意味している．その大きさは

$$E_y = v_{Dx}B_z = \frac{qnv_{Dx}}{qn}B_z = \frac{i_x B_z}{qn} \tag{18}$$

で，電流密度 i_x と磁束密度 B_z に比例している．ホール(E. H. Hall)は1879年にこの現象を発見し，金属内のキャリアの符号が負であることを確認した．(18)式で

$$R_H = \frac{E_y}{i_x B_z} = \frac{1}{qn} \tag{19}$$

とおくと，R_H の符号はキャリアの符号で決まり，その値はキャリアの電荷と濃度に逆比例する．この R_H をホール係数という．(16)式からオームの法則

$$i_x = qnv_{Dx} = \frac{q^2 n\tau}{m}E_x = \sigma E_x \tag{20}$$

を求め，これを(19)式に代入すると次式を得る．

$$R_H = \frac{1}{\sigma B_z} \cdot \frac{E_y}{E_x} \tag{21}$$

いま，$\tan\theta = \dfrac{E_y}{E_x}$ とおいてホール角 θ を定義すると，大抵の固体は $E_y \ll E_x$ なので，$\tan\theta \simeq \theta$ と近似できて，次式を得る．

$$\theta = \sigma B_z R_H \tag{22}$$

(10)式の定義から明らかなように，易動度は $\mu = \dfrac{\sigma}{en}$ であるから，(19)式と(22)式より，この場合の易動度 μ_H は次式となる．

$$\mu_H = \frac{\theta}{B_z} = \sigma R_H \tag{23}$$

(23)式から得られた μ_H はローレンツ力を受けている荷電粒子に対するもので，(10)式より得られる伝導易動度 μ とは区別して，ホール易動度と呼んでいる．ここでは両者の詳細な差については注目しないで，$\mu_H \simeq \mu$ で扱うことにする．

2. 実　験

実験課題

　ゲルマニウム(Ge)のホール効果の測定を通し，次の値を求めなさい．
（1）n型およびp型 Ge のホール係数を，室温と液体窒素温度で求めなさい．
（2）上の実験で用いたn型およびp型試料の，キャリアの符号を確認し，その濃度を求めなさい．
（3）上記試料の電気伝導度を測定し，ホール角とホール易動度を求めなさい．

実験装置と実験手順

　実　験　装　置

　図5にホール効果を測定するための装置配置を示す．全体は電磁石，クライオスタット（低温槽）および測定系からなる．図5に示すように，測定試料はクライオスタット（後述）に納められ，電磁石の極間に配置される．電磁石は

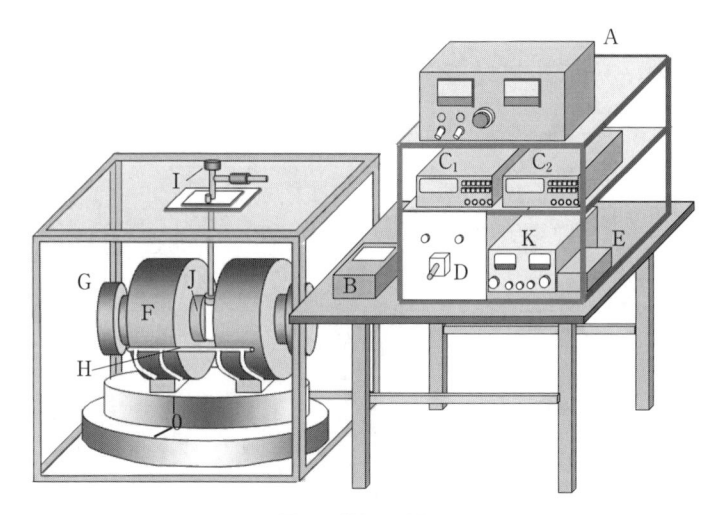

図5 装置配置図

A：マグネット用電源，B：試料電流計，C₁, C₂：デジタルマルチメータ，D：電流極性切り替えスイッチ，E：半導体試料用電源（10 mA），F：マグネット，G：マグネット極間調整ハンドル，H：水冷管，I：クライオスタット（低温槽），J：ポールピース，K：金属試料用電源

水平面内で回転でき，試料に平行，あるいは直角に磁場を加えることができる．

この装置ではマグネット用電源 A を使って 0～8 A の電流を流し，0～0.3 Wb/m^2 の磁束密度を得ることができる．試料電流の極性はスイッチ D により正・逆方向を切り替える．とくに半導体試料には，10 mA の定電流を流してそれぞれの電圧を測定する．

図6にクライオスタットの詳細を示す．構成は上部のピンコネクタおよび防爆弁（図6(a)参照）と下部の試料部からなる．クライオスタットは水分が入らないように密閉して使用するが，経年変化や衝撃によってわずかなリークを生じ，内部に水が入ることがある．このとき，液体窒素で冷却するとそれが中に固体として溜まる．実験終了後クライオスタットを液体窒素から引き上げると，中の液体空気や水が一気に蒸発し，内部の圧力が急上昇し爆発を誘発することもある．これを防ぐために防爆弁が付いている．それをむやみにいじらな

92 物理学実験―応用編―

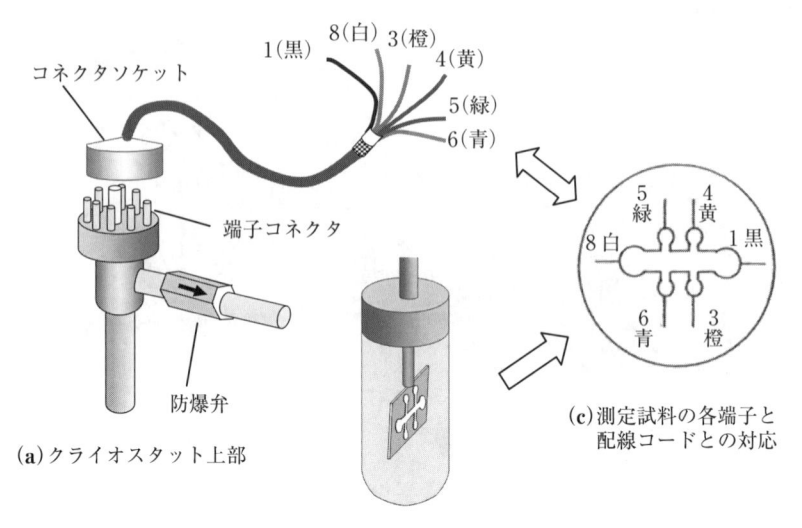

図6 クライオスタットの構成

(a) クライオスタット上部
(b) クライオスタット下部(試料部が観察できる)
(c) 測定試料の各端子と配線コードとの対応

いこと．

　試料部は，試料が直接観察できるようにガラス管で覆っている（図6(b)）．さらに図6(c)には，試料の配線と上部コネクタおよびそれに装着される配線コードの各色とが対応するようにまとめてある．観察からわかるように，試料の電極部分の配線も細い銅線でなされており，非常に弱いので，衝撃を与えたり，落としたりすると壊れたり，配線が切れたりする．取り扱いには十分注意しなければならない．

　Ge試料には，インジウム（In）の電極を付けている．試料の大きさの程度は

　　電圧端子間の距離（l）　　　　　2.0 mm
　　電圧端子位置の幅（w）　　　　 1.0 mm
　　厚さ（t）　　　　　　　　　　 0.5 mm

である．ただし，試料片は取り替えられるので，正確な寸法は別記を見て確認しなさい．

図 7 に測定回路の概略とクライオスタット上部の端子のピン番号と試料端子との対応をまとめておく．回路図ではとくに，電流の流れる向きと正負の符号に注意しなさい．

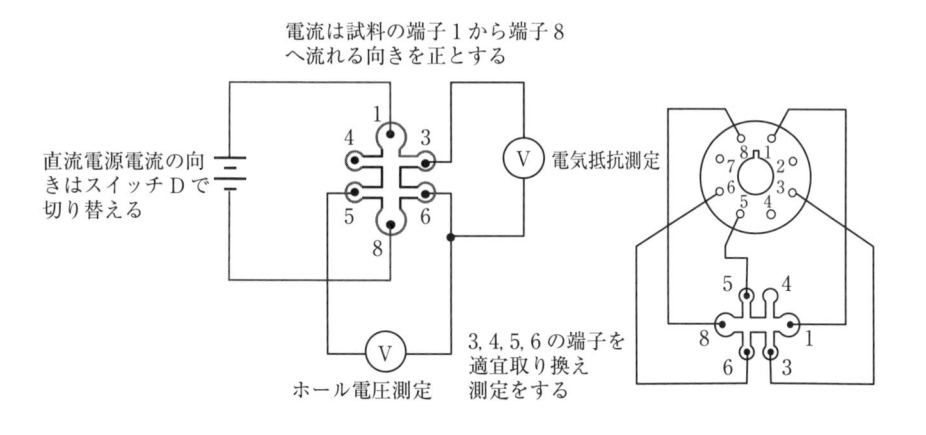

(a) 測定回路概略

(b) ピン番号と試料端子接続

図 7 測定回路概略とコネクタのピン番号との関係

実 験 手 順

手順は大きく分けて次の 3 項目からなる．
（Ⅰ）測定のための全体的な準備
（Ⅱ）試料に対する磁場方向の決定
（Ⅲ）Ge のホール電圧と電気伝導度の測定

（Ⅰ）測定のための全体的な準備

（1）借り出してきたクライオスタットの電極間の抵抗値をデジタルテスタで調べる（図 7 参照）．もし切れているときは指導者に申し出る．

（2）まずマグネットの冷却水を流す．冷却水がビニールホースから流れ出ていることを確認する．

（3）マグネットのポールピース J の間隔は指定の値になっているので触ら

ない．

（4） マグネット電源，デジタルマルチメータ電源，試料直流電源などの主スイッチがすべて OFF になっていることを確かめる．

（5） 試料の電流極性切り替えスイッチ（図5のD）を正の位置にする．

（6） クライオスタットをマグネット台の上に静かに載せ，図6(a)のように固定する．傾きを調整するねじがついているので，試料がマグネットの中心にくるように調整する．ただし壊れやすいので乱暴に扱わないこと．

以上で測定の準備が完了する．

（Ⅱ） 試料に対する磁場方向の決定

上記の手順（Ⅰ）では試料とマグネットのNS極の関係が明確でない．ここではn型Geのホール電圧を用いて，簡単にしかも精度よく決める．

（1） n型Geのクライオスタットのソケットとコネクタを図6(a)のように結合する．このときむやみに結合してはならない．コネクタに凹の部分があり結合位置が決められているので間違いのないように接続する．

（2） 試料電流10mA用の電源に電流端子1, 8が接続してあることを確認し，電源をONにする．

（3） マグネットの回転止め（大きいマグネットのみ）をはずし，NS極と試料の長軸がほぼ平行になるような位置にまで回転させ適当な"度目盛"に合わせる．

〈注意〉

マグネットには冷却管と配線がつながっているので，一方向にグルグル回してはならない．

（4） ホール電圧測定端子3, 4および5, 6をマルチメータ C_1, C_2 に接続する．そのときのマルチメータの値を V_0 とする．マグネットの電流が零でも残留磁場（$\sim 10^{-3}$ Wb/m^2）があるが無視する．

（5） マグネット電源AをONにし，電流計を見ながらつまみを静かに回し，電流を10A（小さいマグネットは4.5A）にする．この磁束密度は備え付けの"電流と磁束密度"の関係を示すグラフより読み取る．

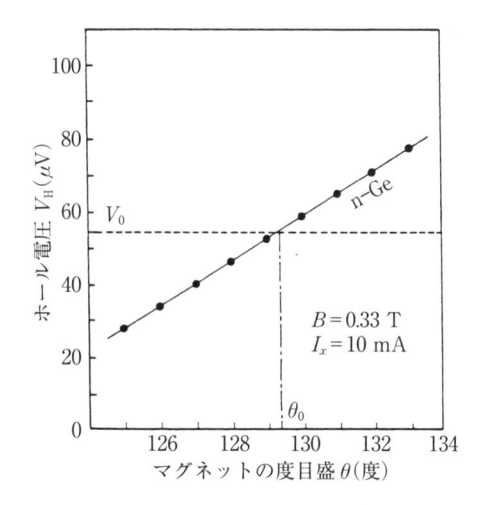

図8 マグネットの位置とホール電圧の関係

（6） マグネットの最初に固定した位置（手順（Ⅱ）の（3））を基準に，図8に示すように1度目盛間隔で ±5° の範囲を測定する．

（7） 上で得られたグラフに（4）で求めた V_0 を代入し，それに対応するマグネットの位置を求める．この角度 θ_0 のマグネットのところを"基準位置"と呼ぶ．

（8） 測定が終了した後マグネット電流を零にする．このとき，電流の急激な変化は絶対に避ける．

以上で，NS 極と試料に流す電流方向が正しく平行になっていることを(14)式から(17)式を求めた経緯で理解できる．

(Ⅲ) Ge のホール電圧と電気伝導度の測定

（Ⅱ）の手順で n 型 Ge の試料を扱ってきたのでこの試料から測定する．図6の端子 3, 4（または 5, 6）で電圧測定を行う．図4に示す電流，磁場および測定電圧方向の関係をよく理解して以下の手順を行う．

（1） 図4に示すような電流と磁場の方向関係にするためには手順（Ⅱ）の（7）の基準位置から 90° の位置にマグネットを回転すればよい．ただし，その

ときNS極と試料電流方向と関係をはっきりさせておくこと．

（2） 試料電流を10mAにし，マグネット電流を1A（小さいマグネットでは0.5A）にする．そのときの電圧を読む．次に電流極性切り替えスイッチDを負の位置にし，同じ磁場の電圧を読む．両者の絶対値の平均がマグネット電流1Aで決まる磁場におけるホール電圧である．

（3） 続いてマグネット電流を0.5A（小さいマグネットでは0.2A）ずつ増加させホール電圧を測定し，結果を図9に示すようにまとめる．ただし，測定するマグネットの電流は最大10A（小さいマグネットでは4.5A）である．

以上の測定が終了した後，磁場を零にする．次に電気伝導度σの測定をする．

（4） デジタルマルチメータに端子3, 6（または4, 5）を接続し，試料電流を流し，正確な電圧と試料電流の値を測定する．次に電流方向をスイッチEで変換し同様に測定する．電圧，電流の絶対値の平均より電気抵抗を求める．これが$B=0$のときのσの値となる．

（5） 次にマグネット電流を10A（小さいマグネットでは4.5A）にセットする．そのときの電圧と電流を読み取り，σを求める．これが横磁気抵抗である．

終了後マグネット電流を零にする．続いてクライオスタットをp型Geに変えて，手順（II）に従ってマグネットの位置を決めた後ホール電圧，σの測定を行う．

〈注意〉
半導体のn型とp型ではホール電圧の正負が逆になる．

全く同様の測定を液体窒素温度でも行う．備え付けの発泡スチロールの容器をマグネットのポールピース間に入れ，その中にクライオスタットが入るようにセットする．発泡スチロールの容器に液体窒素を注ぐ．このとき液体窒素を試料部分まで注いでも試料が冷却されるまでには時間がかかる．測定開始の目安として，試料の電気抵抗（端子3, 6または4, 5）の変化がなくなれば温度が一定になったと見なせるので測定を始める．

実験終了の手順

測定終了後マグネットの電流を零にし，電源スイッチを OFF にする．次に試料直流電流電源のつまみを零にしてからスイッチを OFF にする．マルチメータの電源スイッチを OFF にする．最後にマグネットの冷却水を止める．

3. 解析と考察

（1） 解説の(19)式に示すホール係数は，電場の強さ E_y の磁束密度 B，電流密度 i_x の関係で表されている．図4を見ながら，それを MKSA 単位で表すと次式が得られることを確認しなさい．

$$R_H = \frac{tV_H[\text{m}][\text{V}]}{IB_z[\text{A}][\text{Wb/m}^2]} = \frac{tV_H[\text{m}^3][\text{V}]}{IB_z[\text{A}][\text{Wb}]} = \frac{tV_H[\text{m}^3]}{IB_z[\text{Coulomb}]} \quad (24)$$

R_H の単位は〔cm^3/Coulomb〕を用いて表す場合が多い．その理由は我々の扱う試料がたかだか 1 cm^3 の大きさで，1 m^3 もある試料は非現実的で直感と結びつかないからである．n 型と p 型試料のホール係数は，

$$R_H = \frac{1}{en} \text{；n 型半導体}$$

$$R_H = \frac{1}{ep} \text{；p 型半導体}$$

であるが，キャリアとして電子と正孔の2つを考えるときは次式となる．

$$R_H = \frac{-n\mu_e^2 + p\mu_h^2}{(n\mu_e + p\mu_h)^2} \quad (25)$$

（a）$I = 10$ mA のときの V_H と B_z のグラフを作成しなさい（例，図9）．

（b）作成した図から各温度における (V_H/B_z) を求め，(24)式に従ってホール係数を求め，さらにキャリア濃度を求めなさい．

（2） 電気伝導度 σ は，電流を I〔A〕，電圧を V〔V〕，試料の断面積を S〔m^2〕，試料長さを l〔m〕とすると

$$\sigma = \frac{I \cdot l}{V \cdot S} \quad [1/(\Omega \cdot \text{m})] \quad (26)$$

となる．

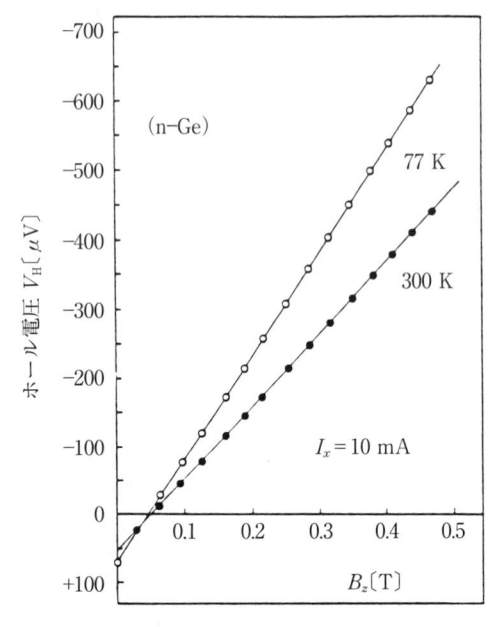

図 9 磁場とホール電圧の関係

(a) 与えられた試料の S, l の値を使って, $I=10$ mA ときの測定電圧 V から伝導度を計算しなさい (手順 (Ⅲ) の (4) を参照). またこのとき伝導度に磁場依存があるかどうかを確かめなさい (手順 (Ⅲ) の (5) を参照). さらに温度依存についても整理しなさい.

(b) 上の結果を用 $B_z=0.3$ Wb/m^2 のときのホール角とホール易動度を (22) 式と (23) 式から求めなさい. ただし易動度の単位は次式のようになる.

$$\mu_H [\text{m}^2/(\text{V·s})] = \sigma [1/(\Omega\cdot\text{m})] \times R_H [\text{m}^3/\text{Coulomb}] \tag{27}$$

[設　問]

1) Cu の 4s 電子の電子密度を求めなさい. また, $T=300$ K で伝導に寄与する電子数はそのうちどれだけか. 計算より見積もりなさい.

2) 真性 Si の $T=300\,\mathrm{K}$ におけるキャリアの数 $(n,\ p)$ を求めなさい．

3) 真性半導体のエネルギー・ギャップを E_g とすると，フェルミ・エネルギーは $F_\mathrm{F}\approx\dfrac{1}{2}E_\mathrm{g}$ である．したがって，伝導度の温度依存は(2)式から，

$$\sigma=\sigma_0 \exp\left(-\frac{E_\mathrm{R}}{2kT}\right)$$

となる．この関係を使ってエネルギー・ギャップを求めるには，どのような実験を行ってどう整理すればよいか考察しなさい．

[参考文献]

1) キッテル（山下次郎他訳）：固体物理学入門（上）（下），丸善（1978）
2) 菊池　誠・植村泰忠：半導体の理論と応用（上），裳華房（1960）

5 強磁性体の磁化測定

目的

強磁性体の"磁化の強さ"(以下"磁化"と呼ぶ)を測定し,その磁場依存と温度依存を調べ,磁化機構をはじめ強磁性体の特徴的性質について学ぶ.

1. 解　説

強磁性体

　物質を磁場の中におけば,強弱を別にして必ず"磁石"となる.その磁石を分割し限りなく小さくしても磁石で,物質構成の最小単位に至ってもやはり磁石である.そのような微視的磁石を"磁気双極子"と呼び,物理量としては磁気双極子モーメント μ で定義する.単位は〔Wb·m〕で,ベクトルはS(負)極からN(正)極へ向かうものとされている.

　物質の単位体積中に N 個の磁気双極子モーメントがあるとき,その磁化を

$$M = \sum_{i=1}^{N} \mu_i \quad \text{〔Wb/m}^2\text{〕} \tag{1}$$

と定める.外部磁場 H を与えた場合の磁化を

$$M = \chi_m H = \mu_0 \bar{\chi}_m H \tag{2}$$

と書き,χ_m を磁化率,$\bar{\chi}_m = \dfrac{\chi_m}{\mu_0}$ を比磁化率と呼び,物質の磁気的性質はこれによって表される.μ_0 は真空中の透磁率($= 4\pi \times 10^{-7}$ Wb/(A·m))であり,$\bar{\chi}_m$ は次元のない係数となる.$\bar{\chi}_m$ の値を使って,磁性体を分類したのが表1である.

表1 $\bar{\chi}_m$ の値による磁性体の分類

常磁性体の $\bar{\chi}_m$		反磁性体の $\bar{\chi}_m$		強磁性体の $\bar{\chi}_m$	
Al	0.2×10^{-4}	Cu	-0.94×10^{-5}	Fe	13000
Pt	2.9×10^{-4}	Hg	-3.2×10^{-5}	Ni	500
Pd	8.2×10^{-4}	Bi	-0.1×10^{-5}	Co	200
O_2 (0℃ 1 atm)	1.8×10^{-6}	H_2 (0℃ 1 atm)	-0.2×10^{-5}	ケイ素鉄	4700
空気 (0℃ 1 atm)	3.6×10^{-7}	水	-0.9×10^{-5}	パーマロイ	60000

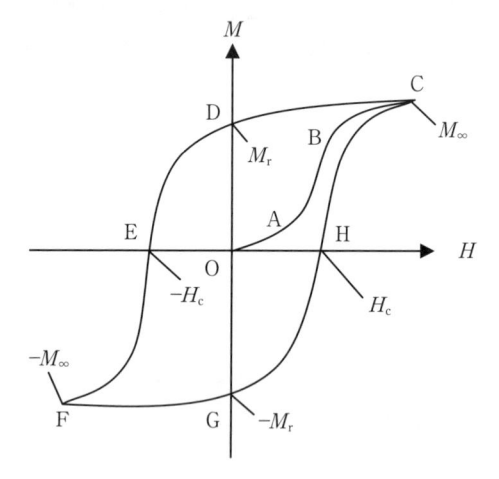

図1 強磁性体の磁化の履歴曲線
M_r：残留磁化，M_∞：飽和磁化

常磁性体と反磁性体の $\bar{\chi}_m$ の値は非常に小さい．しかし，反磁性体のそれは負で，その名のごとく磁化は与えた磁場方向とは逆になる．特例であるが，超伝導体では $\bar{\chi}_m=-1$ となるので，完全反磁性体と呼ばれる．これらに比べ強磁性体の $\bar{\chi}_m$ は非常に大きく，また一定値でもない．後に述べるように，磁場に強く依存するので，微分比磁化率 $\bar{\chi}_m = \dfrac{1}{\mu_0}\dfrac{dM}{dH}$ を定めることもある．

強磁性体といえばすぐに永久磁石を思い出す．それは（2）式の関係（M vs H 曲線）"磁化曲線"から理由がわかる．図1はその略図である．

初め完全に消磁された強磁性体の磁化を，磁場 H を増やしながら測ってゆくと，O→A 間でゆっくり増えるが，A→B 間で急激に立ち上がり，B→C 間で再びゆっくり増えて，やがて C で飽和磁化 M_∞ に達する．その後，磁場を減らして測ってゆくと，$H=0$ になっても $M=0$ にならず，磁化は残り D に留まる．それを残留磁化 M_r と呼んでいる．D で今度は磁場を逆向きにし，増やしていくと $-H_c$ の E でやっと $M=0$ になる．この H_c のことを保磁力と呼んでいる．さらにそのまま磁場を増やしてゆくと，F でちょうど C とは逆向きの飽和磁化 ($-M_\infty$) になる．そこで再び磁場を減らしながら測ってゆくと，$H=0$ のとき $M=-M_r$ となって G となる．そこで再び磁場方向を逆転して測ってゆくと，原点 O に対して D→E→F 曲線 と対称な磁化曲線 G→H→C を得る．このようにして得られた C→D→E→F→G→H→C ループを"履歴曲線"と呼ぶ．永久磁石とはこのように，磁場がなくても大きな残留磁化 M_r を持ち，周囲に強い磁気作用を及ぼすものである．この状態を打ち消して元の状態（O 点）に戻すには，磁化 M の温度特性を用いることになる．これについては後に述べる．

ループが描く面積（$\int \boldsymbol{M} \cdot d\boldsymbol{H}$）は，磁化エネルギーによる損失分であり，実用的にはトランスの鉄芯（ケイ素鉄）などは，これができるだけ小さくなるように開発された材料である．

外部磁場の中の磁気モーメント

磁石が，1つ1つの原子が N 極と S 極を持つ原子磁気モーメント $\boldsymbol{\mu}_J$ で構成されているとし，それが，磁場 $\boldsymbol{H}$ の中に置かれると，位置エネルギーは

$$U_m = -\boldsymbol{\mu}_J \cdot \boldsymbol{H} \tag{3}$$

である．量子論によれば，磁場の中ではその方向の全角運動量は縮重が解けて

$$J_z = -J, \ -(J-1), \ \cdots, \ 0, \ \cdots (J-1), \ J$$

となり，$(2J+1)$ 個の空間量子化を生じる．したがって(3)式は

$$U_m^{J_z} = g\mu_B J_z \cdot H \tag{4}$$

となって，不連続なエネルギーに分裂する．ここで，μ_B はボア(Bohr)磁子と

呼ばれ磁気モーメントの最小単位を表し，g はランデ(Lande)の g 因子と呼ばれ，強磁性体では $g \simeq 2$ である.

単位体積に N 個の原子が熱浴 T と接する系を考えて，磁場方向の平均の全角運動量 $\bar{J}_z$ を熱統計法で表して磁化を求めると次式のようになる.

$$M = Ng\mu_B \frac{\sum J_z \exp\left(-\frac{\mu_B g J_z H}{kT}\right)}{\sum \exp\left(-\frac{g\mu_B J_z H}{kT}\right)} = Ng\mu_B J B_J(\alpha) \qquad (5)$$

$B_J(\alpha)$ はブリリュアン(Brillowin)関数と呼ばれ，

$$B_J(\alpha) = \frac{2J+1}{2J} \coth\left(\frac{2J+1}{2J}\alpha\right) - \frac{1}{2J} \coth\left(\frac{1}{2J}\alpha\right) \qquad (6)$$

$$\alpha = \frac{g\mu_B J H}{kT}$$

と表される. 通常の磁性体では $\alpha \ll 1$ だから,

$$B_J(\alpha) \simeq \frac{J+1}{3J}\alpha - \frac{1}{45}\frac{(J+1)\{(J+1)^2+J^2\}}{2J^3}\alpha^3 + \cdots \qquad (7)$$

と近似でき，第 1 項のみを使うと

$$M = \frac{Ng^2\mu_B^2 J(J+1)}{3kT} H = \chi_m H \qquad (8)$$

$$\chi_m = \frac{Ng^2\mu_B^2 J(J+1)}{3kT} \qquad (9)$$

を得る. (8), (9)式はキュリー(Curie)の法則を表し，常磁性を量子論的に説明する式である.

自発磁化の温度依存

強磁性体は外部磁場 H_{ex} を断っても，強い磁化 M_r を持つことが特徴であった. このことは内部では磁気モーメントの向きがそろい，高い密度で分布していることを予想させる. そのような強磁性体内の1点では，外部磁場がなくてもその周りに分布する磁気モーメントの作る磁場があるはずである. したがって，それを考慮した内部磁場を次式のように考える.

$$\boldsymbol{H}_i = \boldsymbol{H}_{ex} + \lambda \boldsymbol{M} \qquad (10)$$

第2項は外部磁場がなくても存在する局所磁場（ローレンツ局所場）である．これを(8)式に代入してMについて解けば

$$M = \frac{C}{T-\Theta}H = \chi_\mathrm{m} H \tag{11}$$

を得る．ただし

$$\Theta = \lambda C = \lambda \frac{Ng^2\mu_\mathrm{B}^2 J(J+1)}{3k} \tag{12}$$

$$\chi_\mathrm{m} = \frac{C}{T-\Theta} \tag{13}$$

である．Θ はキュリー温度と呼ばれ，(13)式はキュリー-ワイスの法則を表す．(13)式は，$T>\Theta$ の高温側では，強磁性体の χ_m が常磁性体と同様な温度変化を示すことを表している．

他方 $T<\Theta$ の低温側では，$H=0$ でも強い磁化（自発磁化 M_S，あるいは M_r としてよい）がある．この場合の内部磁場は(10)式から λM_S となるから，これを(5)式に代入して

$$\frac{M_\mathrm{S}}{Ng\mu_\mathrm{B}J} = B_J\left(\frac{g\mu_\mathrm{B}J\lambda}{kT}M_\mathrm{S}\right) \tag{14}$$

を得る．したがって M_S の温度依存は，T を与えながら(14)式の右辺と左辺とが等しくなるように，自己無撞着に求めることで得られる．しかし，この数値計算は関数 B_J を含むので大変難しい．内部磁場を(10)式の形で与える方法を一般に"平均場近似"というが，ランダウ（Landau）の2次相転移論を用いて

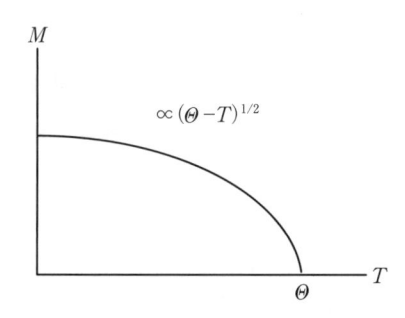

図2　$H_\mathrm{ex}=0$ の自発磁化 $M_\mathrm{S}(T)$ を表す略図

熱力学的に求めると次式を得る.

$$M_S(T) = A(\Theta - T)^{1/2} \qquad (15)$$

ここで A は定数で，末尾にはこの式の導出の考察がある．図2は M_S の温度変化(15)式を表す略図である．

磁区とその構造

　強磁性体の磁気モーメントには，長距離的な静磁エネルギー $U_S = -\boldsymbol{\mu}\cdot\boldsymbol{H}$ と，短距離的な交換相互作用エネルギー $U_{ex} = -J\boldsymbol{S}_i\cdot\boldsymbol{S}_j$ とが働いて均衡を保っている．ここで，J は交換積分といい，2つの電子の軌道が重なり合い，互いに，軌道を交換することによるエネルギーと考えられる．この U_{ex} は磁気モーメントが互いに平行になると低くなる性質を持っている．しかし，磁気モーメントが平行に揃うと，その領域の表面磁荷は大きくなり，静磁エネルギーは高くなる．結局この二つのエネルギーの和が最小になるように，強磁性体内に磁区ができる．図3は，外部磁場による磁区成長の関係を簡単なモデル図で示している．

　1つの磁区内では磁気モーメントは平行で，外部磁場がなく磁化も検出されないとき(a)のように，向きを変えた磁区同士が集まって平均的に磁化を消しあっている．ところが磁場を増やす(b)のように，磁場方向の磁化を持つ磁区が成長し，さらに磁場を増やすと最後には(c)のように全体が単一磁区になる．磁区境界（磁壁）付近を拡大してみると，磁気モーメントは徐々に向きを変えながら，交換相互作用エネルギーをできるだけ小さくするように配列している．図4は磁化曲線の例を示し，図3における磁区の変化の様子を曲線に対応させている．実際の磁区は非常に小さく，構造も複雑である．その理由は現実の物質はほとんどが，小さな結晶粒が集まる多結晶体である．1つの結晶には容易磁化方向があり，たとえば，Feでは[100]方向，Niでは[111]方向である．したがって，磁区構造は結晶粒の分布を反映して複雑である．さらに，結晶内にはいろいろな種類の格子欠陥が多数あり，磁気モーメントの配列を乱し磁区構造を複雑にする．強磁性体の磁化曲線はこのような磁区の成長と関連す

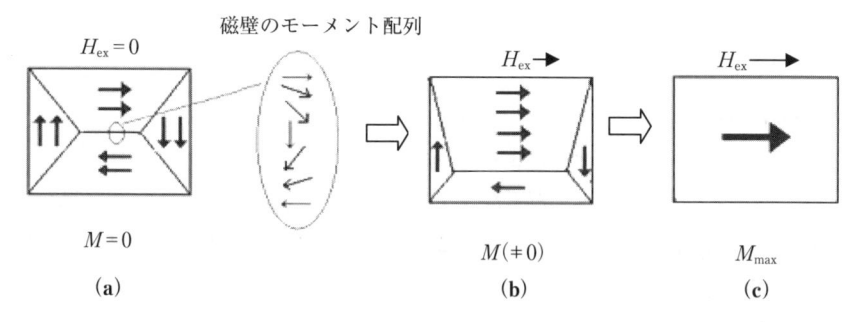

図3 外部磁場 H_ex による磁区の成長

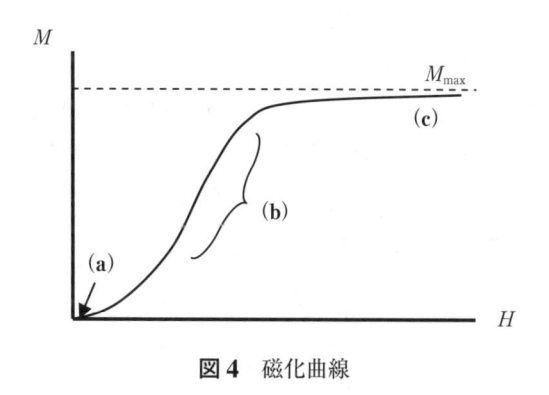

図4 磁化曲線

るので，試料により，あるいは，その取り扱い履歴によって形が変わることがある．

2. 実　　験

|実験課題|

（1）鉄（Fe）およびニッケル（Ni）の磁化の磁場依存 $M(H)$ を測定しなさい．

（2）Ni の自発磁化の温度依存 $M_\text{S}(T)$ を測定し，キュリー温度 Θ を求め

なさい．

磁化測定の原理

磁化測定は，試料内部を通過する磁束を測ることで行われる．磁束密度は

$$B = \mu_0 H + B \quad [\text{Wb/m}^2] \tag{16}$$

であるから，断面積 S_0 の円柱形試料に，軸方向から外部磁場 H_{ex} が与えられたときの磁束は

$$\Phi = \iint \boldsymbol{B} \cdot \boldsymbol{n} dS = \mu_0 S_0 H_{ex} + S_0 M \tag{17}$$

となる．この式から H_{ex} を与えて Φ を求めれば M が得られる．この方法を，略図を使って説明するのが図5である．棒状試料の側面に，円面積 S で，n 巻きしたサーチコイルを取り付け，その端子は中継ターミナルを経てQメータ（電気量測定器）に接続する．試料は磁化コイルのほぼ中央部におかれ，外部磁場 H_{ex} が与えられる．この H_{ex} を変えれば(17)式のように Φ が変化し，電磁誘導の法則によれば，サーチコイルに誘導起電力 V が発生し，回路には電流 I が流れる．オームの法則から

$$V = -\frac{d\phi}{dt} = R \cdot I + L\frac{dI}{dt} \tag{18}$$

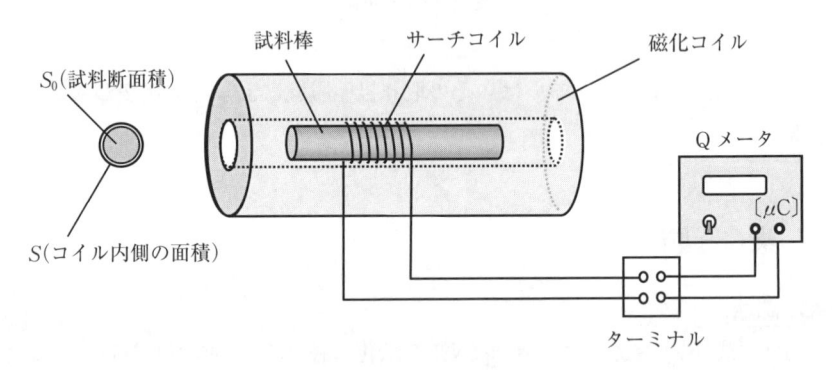

図5 磁束測定の説明図

試料の直径を d，導線の直径を a とすると $S = \dfrac{\pi}{4}(d+2a)^2$ となる

を得る．ただし，R はこの回路の全抵抗値，L はサーチコイルのインダクタンスである．磁束の変化が短い時間，$t=0 \sim t_0$ の間で起き，その前後では電流は流れないとすれば，(18)式は積分できて

$$\Phi = R\int_0^{t_0} I \cdot dt + L[I]_0^{t_0} = R \cdot |Q| \tag{19}$$

となる．第2項は0で，結局磁束 Φ は回路を流れた総電気量 Q を測れば求まる．その電気量は図のQメータで測られる．ところで，試料に巻いたサーチコイルの巻き数は n であるから，それが感知するする磁束は

$$\Phi = \mu_0 n S H_{\text{eff}} + n S_0 M \quad [\text{Wb}] \tag{20}$$

である．ここで，S はサーチコイルの断面積，右辺第1項は外部磁場がコイル内の空間に作る磁束，第2項は磁性体の磁化が作る磁束である．磁場を H_{ex} でなく H_{eff} としたのは，磁性体表面に現れる表面磁荷によって生じる磁場を考慮したからである．それを反磁場 H_d といい，図6のように，試料形状によって定まる．有効磁場は次式で与えられる．

$$H_{\text{eff}} = H_{\text{ex}} - H_d = H_{\text{ex}} - \frac{N}{\mu_0} M \tag{21}$$

ここで，N は反磁場係数と呼ばれ，試料が球形ならば $N=1/3$，平板でそれに垂直な磁場なら $N=1$，細い線で線方向の磁場なら $N=0$ である．図7と添付の表は，ここで使う円柱試料の N を，寸法比 l/d に対して示したものである．

次に，外部磁場を発生する磁化コイルについて述べる．図5に示した磁化コイルは円筒ソレノイドで作られており，その中央部の磁場は

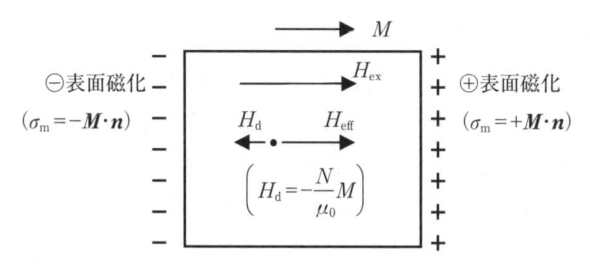

図6 磁化 M の物体内の有効磁場 H_{eff}（H_d は反磁場，N は反磁場係数を表す）

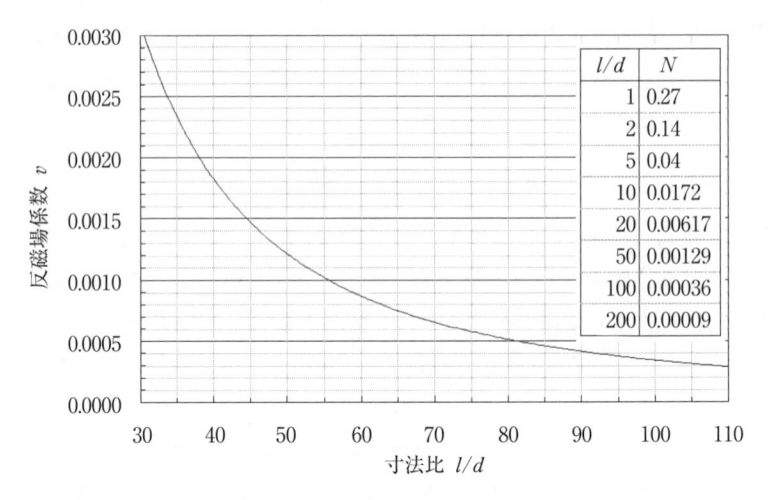

l/d	N
1	0.27
2	0.14
5	0.04
10	0.0172
20	0.00617
50	0.00129
100	0.00036
200	0.00009

図7 円柱試料の反磁場係数の寸法比による変化
l：試料の長さ，d：試料の直径（近角，太田，安達，津屋，石川編：磁性体ハンドブック，朝倉書店（2006）より）

$$H_{ex} = C_0 \cdot I \quad [\text{A/m}] \tag{22}$$

で与えられる．ここで，C_0 はコイル定数と呼ばれ，後に述べるように実験的に求められる．(21), (22)式を(20)式に代入し，M について解けば

$$M = \frac{\dfrac{RQ}{n} - \mu_0 S C_0 I}{S_0 - NS} \quad [\text{Wb/m}^2] \tag{23}$$

を得る．これが磁化を求める原理式である．

実験装置と実験手順

測定装置

図8は，磁化測定のための全装置配置図で，磁化コイルを別にして，3つの枠線で示す，磁化コイル電源系，磁束測定系，温度制御系からなっている．

まず，外部磁場は磁化コイル電源から供給される電流で決まる．その電流値は電源の調整つまみで決められ，電流計，パワーボタンスイッチ，電流方向逆転スイッチを経て磁化コイルへ送られる．外部磁場の向きの変更は逆転スイッチの切り替えで行うが，切り替えは必ずパワーボタンスイッチがOFFになっ

ていることを確認して行うこと．サーチコイルを巻いた試料を磁化コイル内部に挿入し，リード線の先端をターミナルに接続する．リード線部分は磁束が発生しないようにより合わせてある．サーチコイルに生じた誘導電流は時間積分され，総電荷量としてQメータで検出される．Qメータによる測定のタイミングは，パワーボタンをON-OFFしたときの信号をとらえて行われる．

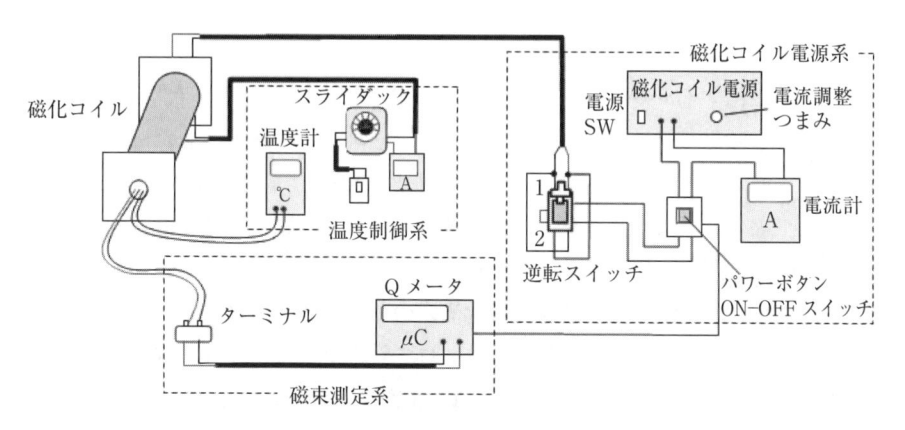

図8 測定の全装置の配置図

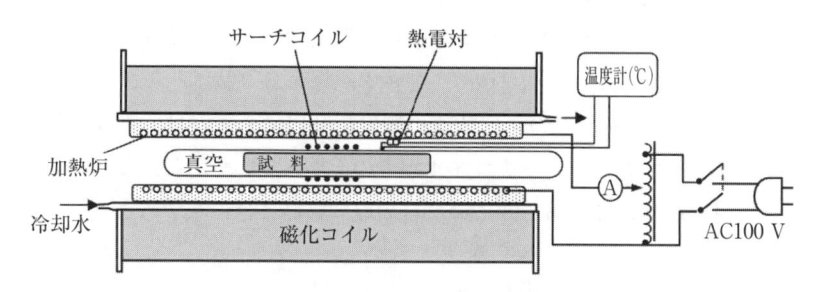

図9 磁化コイルと内部の断面図

図9は実際に使用する磁化コイルの断面を表す．コイル中央部にサーチコイルを巻いた試料をセットする．また試料のサーチコイルに近いところに熱電対が取り付けられている．試料温度は，熱電対温度計で測られる．磁化コイルの内部には，試料温度を調節するためのヒータが試料を取り囲むように設置され

ている. 磁化コイルに流される電流はかなり大きくなるので, ジュール熱が発生する. 磁化コイル全体を冷却するために, 磁化コイルの芯に埋め込まれている冷却管には必ず水を流さなければならない（図9参照）. 試料の温度制御は, 図8で示したヒータへ送る電力を, スライダックで手動調整して行われる.

実 験 手 順
サーチコイルの準備
（1） 磁化コイルのコイル定数 C_0（(22)式参照）決定用サーチコイル

ほとんど磁化しないベークライトの丸棒に, エナメル線を一層だけ隙間のないように詰めて巻く. 巻き数 n は遊動顕微鏡で測定し, 丸棒の外径 d およびエナメル線の直径はマイクロメータで測りコイル断面積（コイルを含む内側の面積：図5参照）S として求めておく.

（2） Ni 試料および Fe 試料の磁化測定のためのサーチコイル

Ni, および Fe 試料の場合も, 同様にして作るが, いずれも試料の中央部に巻き, 端に巻かないことが重要である. また, それぞれの試料の外径 d を測り, 断面積 S を計算する. 試料の長さ l はノギスで測って, 寸法比 (l/d) を求め, 図7から反磁場係数 N を求めておく.

もし, それぞれのサーチコイルが準備されていたら, これらの d〔mm〕, n, S〔mm^2〕と試料の長さ l〔mm〕を必ず記録する（試料ケースに記されていることもある）. 磁化率の温度依存の測定に使用する試料は, ガラス管の中に真空封入されており, サーチコイルがその上から巻いてある. ガラスの側面には熱電対が取り付けてある. この試料の取り扱いには注意すること.

磁束 $\Phi(Q)$ 測定のための基本行程
（1） 磁化コイルに冷却水を流す（必ず実行すること）.

（2） サーチコイルを巻いた試料棒を磁化コイルの中心部にセットし, その端子をターミナルに接続し, Q メータの電源を入れる. この状態で, ターミナルの一端だけを一時はずし, サーチコイルと Q メータを含む回路の抵抗値 R をテスターで測る.

（3） 磁化コイルに冷却水が流れていること，コイル電源の電流調整つまみが左一杯の最低値になっていること，パワーボタンが OFF，逆転スイッチが1側に倒れていることを確認してから，電源のメインスイッチを入れる．

（4） パワーボタンを ON にし，電流計を見ながら調整つまみを右に回して目標の電流値 I を選ぶ．

（1）→（4）まで進めた状態が磁束測定の初期状態である．これから次の4行程を行って，Q メータの電気量 Q_i〔μC〕を読み取る．

測定初期	逆転スイッチは1，パワーボタンは ON
行程1	パワーボタンを OFF ； Q_1
行程2	逆転スイッチを2に倒してから，パワーボタンを ON ； Q_2
行程3	パワーボタンを OFF ； Q_3
行程4	逆転スイッチを1に倒してから，パワーボタンを ON ； Q_4

これを1サイクルとする．Q の値は

$$\bar{Q}=\frac{|Q_1|+|Q_2|+|Q_3|+|Q_4|}{4}$$

として求める．1サイクル終了後は基本行程の(4)の状態に戻っている．これを確認した後，2回目の測定を行う．もし，2回目の測定値が異なる場合は再度測定をする．なお，前述したように，この行程によるように，逆転スイッチはパワーボタンが OFF の状態で切り替えなければならない．

（5） （4）の状態であることを確認し，磁化コイルの電流値を変え，同様の測定を行う．

測　定

（1） 磁化コイルのコイル定数 C_0 の決定

「測定のための基本行程」に従い，測定は磁化コイルの電流値を1A ごと，6A まで変えて行い，$\bar{Q}$ vs I の関係を図にまとめなさい．

（2） Ni試料の磁化の磁場依存 $M(H)$ の測定

磁化コイルの中に，サーチコイルを巻いた Ni 試料をセットする．「測定のための基本行程」に従い $\bar{Q}$ vs I 関係を測定する．このとき，1サイクルで Q 値は図1で示すように，ヒステリシスの各点の値を取り，ループを描いて変化する．このことを確認しなさい．測定では，磁化コイルに流す電流値を 0.05 A ごとに Q 値の測定をし，Q 値の変化が少なくなってきたら測定間隔を 0.5 A に変え，Q 値が飽和状態に達するまで行う．そのため，測定に合わせて $\bar{Q}$ vs I の関係を図にプロットし，常に状態を観察していなければならない．

（3） Ni試料の自発磁化の温度依存 $M_s(T)$ の測定

磁化コイルに流す電流値は，飽和状態に達した値（6 A 程度）で固定する．図8に示す温度制御系を作動させる．電源スイッチを入れる前に，必ずスライダックが左一杯に回されて，電力が0であることを確認する．そこで電源スイッチを入れ，スライダックを少し回し温度上昇の具合を見ながら目標の温度 T_i となるように，電力を供給する（電気炉は最初温度の上昇がゆっくりなので，電力を加えがちである．十分に注意すること）．目標の温度になったらパワーボタンスイッチを ON にし，「測定のための基本行程」に従って $\bar{Q}$ を求め，2サイクルの測定が終了したらパワーボタンスイッチを OFF にする．この測定を約 20℃ 間隔で行い，約 450℃ まで続ける（炉の温度を 500℃ 以上にしてはいけない）．Q 値の減少が大きくなってきたら測定間隔を 5℃ で行いなさい．測定は Q vs T 曲線を描きながら行うこと．

終 了 手 順

測定が終了したら，スライダックを0に戻し，炉電流を OFF にする．また，磁化コイルの電流は 0 A にしてから電源を OFF にすること．また測定後，試料を磁化コイル中に入れたままで全体を室温まで冷却しなさい．温度の高い状態で，急激に試料を引き抜くと破損する場合がある．室温程度まで冷却したら，試料を取り出し冷却水を止めること．

3. 解析と考察

（1） ベークライトは磁化しないから，(23)式で $M=0$ とおくと，電流値 I と $\bar{Q}$ との関係式

$$\bar{Q} = \frac{\mu_0 n S C_0}{R} I \tag{24}$$

を得る．測定（1）で得られた $\bar{Q}$ vs I グラフの傾斜 α から

$$C_0 = \frac{R}{\mu_0 n S} \alpha \tag{25}$$

が求められる．これを基に H vs I のグラフを作成して，(22)式の関係式を調べなさい．

（2） Ni 試料の磁化曲線 M vs H 曲線を求める．測定（2）で得られた $\bar{Q}$, I の値から，電流 I を(22)式を使って H に変換し，$\bar{Q}$ および I の値を(23)式に代入して磁化 $M(\bar{Q}, I)$ を求めなさい．M を縦軸，H を横軸に取ってグラフを描きなさい．このグラフを標準的な Ni 試料（軟鉄）の磁化曲線と比較し考察しなさい．

（3） 得られた Ni の磁化曲線から，微分比磁化率 $\bar{\chi}_m = \frac{1}{\mu_0}\frac{dM}{dH}$ を求めなさい．

（4） Ni 試料の M_S vs T 曲線を求める．測定（2）で得られた値から，(2)と同様にして，磁化 $M_S(\bar{Q}, I)$ を求め，グラフを描きなさい．図2の平均場近似との違いについて比較検討しなさい．

（5） Ni 試料の M_S vs T 曲線において，曲線の傾きが最も大きくなる所に接線を引き，その線が横軸と交わった点の温度をキュリー温度 Θ として求めなさい．また他の強磁性体の値と比較しなさい．

（6） Ni 試料について，$T > \Theta$ 領域では(13)式が成り立つことを確認し，$\bar{x}_m$ を求めなさい．さらに他の物質の値と比較しなさい．

（7） 使用した各サーチコイルのインダクタンス L を計算しなさい．

（8） 磁化とはどのような振る舞いをするのかを $M(H)$ 図，$M_S(T)$ 図を基に考察しなさい．

[設　問]

1） 円筒形ソレノイド（半径 a，長さ l，単位長さ当たりの巻き数 n）の中心位置の磁場を求める計算について考えまとめなさい．

2） 電子が球形で，その電荷 $(-e)$ がすべて表面上に一様に分布し，中心軸の周りを自転していると仮定して，磁気モーメントを計算しなさい．得られた結果を実際のスピン磁気モーメントと比較しなさい．

3） 本文(15)式の導出を，次のような手順で考察する．
ランダウの2次相転移論では，ギブズの自由エネルギー密度を

$$g(\mathbf{r}, T) = g_0(T) - \mathbf{H}(\mathbf{r}) \cdot \mathbf{M}(\mathbf{r}) + a(T)M(\mathbf{r})^2 + b(T)M(\mathbf{r})^4 \quad \text{(Q1)}$$

と表す．これから

$$G(\mathbf{r}, T) = \int g(\mathbf{r}, T) dv$$

を求め，M についての極小条件 $\delta G = 0$ から次式を得る．

$$H = 2aM + 4bM^3 \quad \text{(Q2)}$$

したがって，外部磁場がないときは，

$$M = \pm\sqrt{\frac{-a}{2b}}$$

であり，$b > 0$，$a(T) = 2(T - \Theta)$ とすると，

$$M(T) = \sqrt{\frac{\alpha}{2b}} (\Theta - T)^{1/2} \quad \text{(Q3)}$$

を得る．これは本文の(15)式にほかならない．

6 示差熱による相転移の検出

目的

反応熱や相転移熱を検出する方法として，示差熱分析（differential thermal analysis：DTA）がある．この方法を理解し，さらにそれを使って，相転移温度，相転移熱を求める．

1. 解　説

試料（X）と基準物質（S）を，図1のように，熱供給用の金属ブロックBに，同じ雰囲気条件となるように埋め込み，それらの温度をそれぞれ，T_X, T_S, T_B とする．試料および基準物質内の温度分布は一様で，それらが

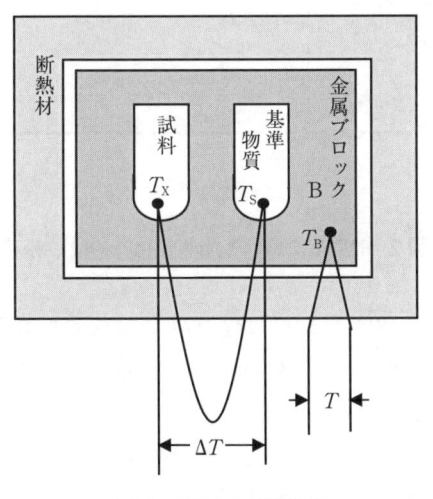

図1 DTAの原理図

入っている容器との間にも温度差はないものとする．さらに，試料および基準物質を入れた容器と，それらに付けた熱電対を含めた系の熱容量を，それぞれ C_X，C_S とし，それらは温度によらないものとする．

試料と基準物質が金属ブロックから受け取る熱量は，それらの間の温度差に比例し，その比例定数を κ で表す．試料および基準物質に伝わる熱量を，それぞれ q_X，q_S とすると，熱伝達は次式で表される．

$$\frac{dq_X}{dt}=C_X\frac{dT_X}{dt}=\kappa(T_S-T_X) \quad \text{および} \quad \frac{dq_S}{dt}=C_S\frac{dT_S}{dt}=\kappa(T_B-T_S) \quad (1)$$

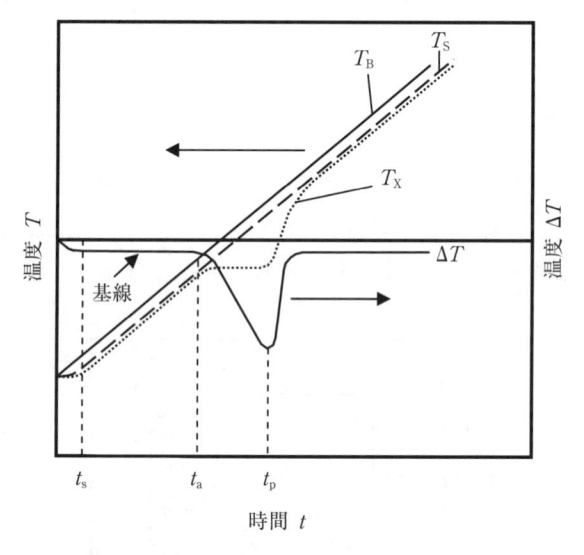

ここで，$dq_X=C_X dT_X$，$dq_S=C_S dT_S$ としている．

図2 DTA における加熱変化時の吸熱転移

いまブロックを一定の昇温速度 $dT_B/dT=\phi$ で加熱し始めると，図2のように，試料温度 T_S は初め T_B に等しいが，少し遅れてから時間とともに上昇し，やがて一定速度 ϕ で昇温する．それと同時に，基準物質も $t=0$ で T_B に等しいが，やがて一定速度 ϕ で昇温する．両者の間では，比熱 C_X と C_S との違いから，立ち上がりの曲線の形はわずかな差を示すが，一定速度 ϕ で昇温する

間 $(0 \sim t_a)$ で $\Delta T = T_X - T_S$ は一定となり，図3のように，DTA 曲線（ΔT の時間変化曲線）の基線を描くことになる．

まず，図2の T_S および T_X 曲線の立ち上がりから，基線を描くまでの間 $(0 \sim t_s)$ の形について考える．（1）式を時間 t で微分し，それらに実験条件 $\dfrac{dT_B}{dT} = \phi$ と，$t=0$ での初期条件 $\dfrac{dT_X}{dt} = \dfrac{dT_S}{dt} = 0$ を与えて積分すると，

$$\frac{dT_X}{dt} = \phi\left(1 - e^{-\frac{\kappa}{C_X}t}\right), \quad \frac{dT_S}{dt} = \phi\left(1 - e^{-\frac{\kappa}{C_S}t}\right) \tag{2}$$

を得る．ΔT の時間変化率は

$$\frac{d\Delta T}{dt} = \frac{dT_X}{dt} - \frac{dT_S}{dt}$$

であるから，これに（2）式を代入し，t が小さい初期では，$\left(\dfrac{1}{C_X} - \dfrac{1}{C_S}\right)t \approx 0$ とする近似が使えるので，上式は積分できて，

$$\Delta T = \frac{C_S - C_X}{\kappa}\phi\left\{1 - \exp\left(-\frac{\kappa}{C_S}t\right)\right\} \tag{3}$$

を得る．（3）式は ΔT の立ち上がりの時間変化曲線を与える式である．しばらく時間が経過して t が大きくなり系がほぼ熱平衡状態になると，（3）式の右辺第2項は省略できて，基線の位置を与える $(\Delta T)_{t_a}$ は

$$(\Delta T)_{t_a} = \frac{C_S - C_X}{\kappa}\phi \tag{4}$$

となる．この式からわかるように，試料と基準物質との比熱容量が等しくなるように選ばれれば $(\Delta T)_{t_a}$ は零に近づき，ϕ を大きくすれば $(\Delta T)_{t_a}$ は大きくなる．また，（4）式からわかるように測定中 ϕ が一定に保たれないと基線が変動し，よい DTA 曲線が得られなくなるので十分注意しなければならない．

次に，長い時間が過ぎて，$t=t_a$ で試料が潜熱吸収を伴う状態変化（1次の相転移）をし始めたとする．たとえば，試料が融解し周囲の熱を吸収し始めた場合である．外部からの熱供給率 ϕ が一定であるから，そこでは試料の温度上昇のみ遅くなる．したがって，試料と基準物質との温度差 ΔT は負となり，その差はしだいに大きくなり，図2のような時間変化を示すことになる．い

ま, t_s 以後を拡大したのが図3である. 融解に必要な熱量を H とし, 一定速度 ϕ で加熱しながら融解するとき, 熱吸収速度を dH/dt とすると次式を得る.

$$C_X \frac{d\Delta T}{dt} = \frac{dH}{dt} - \kappa(\Delta T - (\Delta T)_{t_a}) \tag{5}$$

DTA 曲線の頂点 t_p では, $\frac{d\Delta T}{dt} = 0$ であるから,

$$(\Delta T)_{t_p} - (\Delta T)_{t_a} = \frac{1}{\kappa} \frac{dH}{dt} \tag{6}$$

なる関係を得る. これから, κ が小さいほどピークが大きくなり, 相転移の検出感度が上がることがわかる.

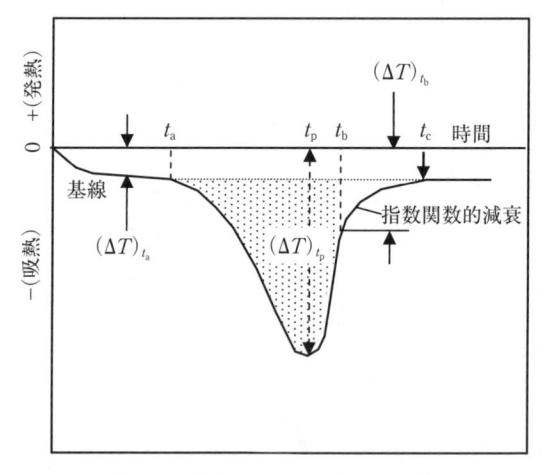

図3 吸熱転移による DTA 曲線

(5)式を解いてわかるように点 t_b から後では, $\Delta T - (\Delta T)_{t_a} = Ae^{-\frac{\kappa}{C_X}t}$ (A は定数) で示されるように, ΔT は指数関数的に減少する. したがって, その領域では $|\Delta T - (\Delta T)_{t_a}|$ の対数を時間に対してプロットすれば直線が得られる. ピークの高温側のすそ t_c の方から, このプロットを逆にたどり, 直線からのずれ始めの時間 t_b を求めることができる. その点は融解の終了点になる.

融解熱 H は(5)式を t_a から t_b まで積分して, 次式で得られる.

$$H = C_X\{(\Delta T)_{t_b} - (\Delta T)_{t_a}\} + \kappa \int_{t_a}^{t_b} (\Delta T - (\Delta T)_{t_a}) dt \qquad (7)$$

この右辺第1項はピークのすそ ($t_b \sim \infty$) が，基線との間で作る面積で，これは融解に寄与していない熱量である（図3参照）．したがって，融解熱は

$$H = \kappa \int_{t_a}^{t_b} \{\Delta T - (\Delta T)_{t_a}\} dt = \kappa \cdot A \qquad (8)$$

となり，H は，曲線と基線との間の面積 A（図3のハーフトーンの部分の面積）に比例する．κ が小さければ同じ H に対して A は大きくなる．A は昇温速度 ϕ の値によらず一定となるが，ΔT は ϕ に比例しているから，ϕ が大きいほどピークは鋭い形となる．κ は装置固有の熱伝達係数であって，既知の H を持つ試料を用いて決めることもできる．

DTA曲線から相転移温度を求めるには，図4（図2に付加説明）に示すように，曲線が基線から離れる点 T_a，曲線の立ち上がり部と基線の外挿が交わる点 T_e，さらに曲線のピーク T_P の，いずれかの温度を取って示すことにな

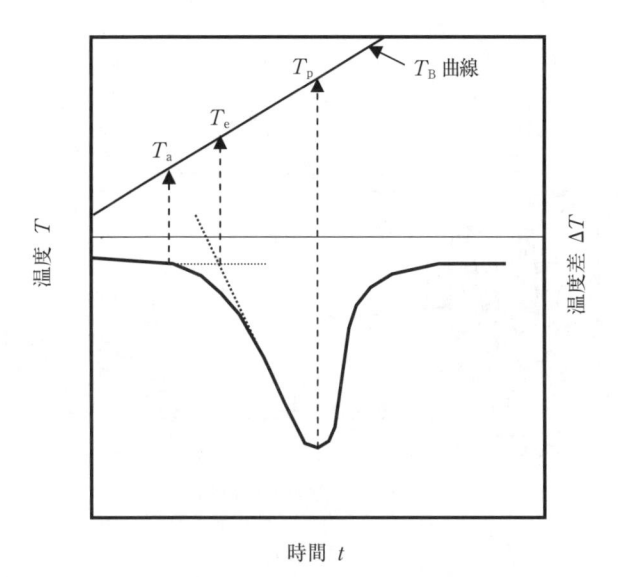

図4 DTAによる相転移温度

る．これらの転移温度の中で，国際熱分析連合の共通試料を用いた測定結果では，T_e が熱力学的平衡温度に最も近くなっている．

2. 実　験

実験課題

（1）　固-液相転移であるステアリン酸の DTA 曲線を求めなさい．
（2）　固-固相転移である硝酸アンモニウムの DTA 曲線を求めなさい．
（3）　2 種類の相転移温度および相転移熱を求めなさい．

実験装置と実験手順

実　験　装　置

図5に示すアルミニウムブロックの2個の穴に，試料 X および基準物質 S をつめたガラス管を挿入する．両者に熱電対を入れ，温度 T_s および温度差 ΔT を切換スイッチ K を切り替えて測定する．ここではクロメル・アルメル熱電対を用いている．

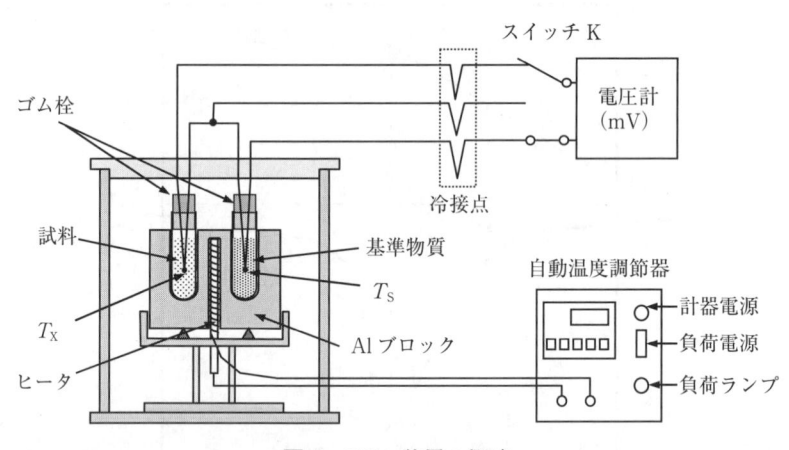

図 5　DTA 装置の概略

実験手順

（1） 秤量した試料（ステアリン酸）と基準物質（酸化アルミニウム）をそれぞれガラス管につめ，アルミニウムブロックの中に挿入する．熱電対は十分深く入れ，動かないようにゴム栓でふたをする．このとき熱電対の先端がガラス管に触れないようによく注意する．冷接点デュワーには，十分な氷と水を入れる．

（2） ブロックの温度は図5に示す自動温度調節器を使って制御する．この装置はブロックの温度を約 2℃/min の割合で上昇するようにプログラムしてあるので，電源を入れるだけでよい．前面パネル右上の計器電源を入れ，次に負荷電源を入れれば負荷ランプが点灯する（順序を逆にしないこと）．ファンクションキー FNC，リセットキー RES の順で押し，FNC ランプの点灯を確認する．ラン・ストップキー RUN/STOP を押すと RUN ランプが点灯する．このとき，現在のブロックの温度が表示される．炉の温度はすぐには上がらないのでしばらく待ち，上がり始めたら測定を開始する．測定は時間に対する試料温度，および温度差 ΔT を，熱電対の起電力をスイッチ K で切り換えながらデジタル電圧計で読み取る（図2，図3参照）．

（3） 測定点は，相転移中およびその前後では，できるだけ多く求める（たとえば 15 秒おきに測定する）．ブロックの温度は 100℃（4.095 mV）以上に上げてはならない．なおステアリン酸の融点は約 69℃ である．

（4） 相転移が終了したらただちにラン・ストップキー RUN/STOP を押し，RUN ランプが消えたことを確認する．さらに試料を取り出して，融解していることを確認する．ブロックを冷却する（時間がないときはヘアドライヤーで冷風を送って冷やすとよい）．

（5） 次に試料として硝酸アンモニウムを用い，（1）～（3）の測定を行う．ただし，この試料の相転移温度は約 40℃ と約 90℃ の 2 点があるので，測定開始温度に注意する．室温が 25℃ 以上の場合は，ビニール袋に入れた氷水で，外側の金属円筒を冷却し，20℃ を目安に緩やかにアルミニウムブロックの温度を下げる．また，この試料は加熱しすぎると危険なので十分注意して実験をすること（150℃ 以上には絶対上げないこと）．

（6） 前と同様に相転移が終了した後，ただちに RUN/STOP を押す．試料を取り出して観察する．

（7） 実験終了後は電源入力時の逆の順序でスイッチを切りブロックを冷却する．

3. 解析と考察

（1） クロメル・アルメルの標準熱起電力表を用いて，熱電対の起電力〔mV〕を温度〔℃〕に換算し，温度と時間との関係をグラフにしなさい（図2，図3参照）．

（2） ステアリン酸の相転移温度を決定しなさい．

（3） 図3に示すようにステアリン酸のDTA曲線より t_a から t_b の間の面積 A を求め，融解熱 H が 199.5 J/g であるとして，（6）式から κ を決定しなさい．解説で述べたように，t_b が決まらないと正確な面積 A を決定することはできない．ここでは図3のように，DTA曲線の変化がほとんど融解熱によるものとして，（7）式の右辺の第1項を無視して解析をする．

（4） 硝酸アンモニウムについてDTA曲線を画き，相転移温度を求めなさい．

（5） ステアリン酸（固相から液相への転移）と硝酸アンモニウム（固相から固相への転移）の相転移の違いをよく観察し，測定結果と合わせ考察しなさい．

7 サーミスタの特性

目 的

サーミスタの基本的な定数である初期抵抗値, サーミスタ定数, 熱放散係数, および時定数を求め, その熱電気的特性について学ぶ.

1. 解　説

サーミスタ (thermistor) とは熱に敏感な電気的抵抗体 (thermally sensitive resistor) の省略語である. 鉄, ニッケル, マンガン, コバルトなどの酸化物を混合し, 焼結して作った半導体で, 電気抵抗の温度依存が
 (1) 温度上昇とともに抵抗値が下がる, いわゆる負の温度係数を持つもの；
　　NTC (negative temperature coefficient)
 (2) ある温度領域で急に温度係数が正となるもの；
　　PTC (positive temperature coefficient)
 (3) ある温度で急に負の温度係数となるもの；
　　CTR (critical temperature resistor)
に分けられ, いろいろな方面で用いられている. これらの中で(1)は, 抵抗値が温度に対して広い範囲で指数関数的な変化を示すため, 温度検出用のプローブとして用いられている. ここでは, これらの NTC の性質を持つサーミスタについて実験を行い, その熱的・電気的特性について学ぶ.

NTC 型のサーミスタの抵抗値 R と絶対温度 T との間には

$$R = R_0 \exp\left\{B\left(\frac{1}{T} - \frac{1}{T_0}\right)\right\} \tag{1a}$$

なる関係がある. ここで, T_0 は初期温度(周囲温度), R_0 は初期抵抗値, B

はサーミスタ定数と呼ばれ，これらは個々のサーミスタに固有の定数である．(1a)式は

$$R = R_0 e^{-\frac{B}{T_0}} e^{\frac{B}{T}} = R'_0 e^{\frac{B}{T}} \tag{1b}$$

と書き変えられるから，電気抵抗の温度係数を

$$\alpha = \frac{1}{R}\frac{dR}{dT} \tag{2}$$

と定義すると，(1b)式から

$$\alpha = -\frac{B}{T^2} \tag{3}$$

が得られる．

図1は，$T_0 = 300$ K で $R_0 = 100$ kΩ を持つ3種類のサーミスタ(a), (b), (c) の $\log R$ vs $\frac{1}{T}$ を示している．図中の3種類のサーミスタの B の値は，(a)が 1000 K，(b)が 3000 K，そして，(c)が 5000 K である．B はサーミスタの活性化エネルギー U をボルツマン定数 k で割ったもので，この値は形成されたサーミスタの成分や熱処理条件で異なる．通常サーミスタは $B = 2000 \sim 5000$ K の値である．

サーミスタ定数 B は，図1に示すように，1つの直線上の任意の2点 $(1/T_1, R_1)$，$(1/T_2, R_2)$ のそれぞれの値を(4)式に代入して得られる．

$$B = \frac{2.303(\log R_2 - \log R_1)}{\frac{1}{T_2} - \frac{1}{T_1}} \tag{4}$$

ここで，R_1, R_2 は温度 T_1, T_2（ただし $T_1 > T_2$）のときの抵抗値で，2.303 は $\log_e 10$ の値である．

サーミスタは抵抗体であるから，電流を流せばジュール熱を発生して発熱する．電流を流し始めた直後から，自己発熱によって抵抗値が変化していくが，電流値が小さい間は周囲と釣り合って抵抗値はほぼ一定である．端子間電圧を V，そのときの電流を I とすると，オームの法則から(1a)式を使って

$$V = I \cdot R = IR_0 \exp\left\{B\left(\frac{1}{T} - \frac{1}{T_0}\right)\right\} \tag{5}$$

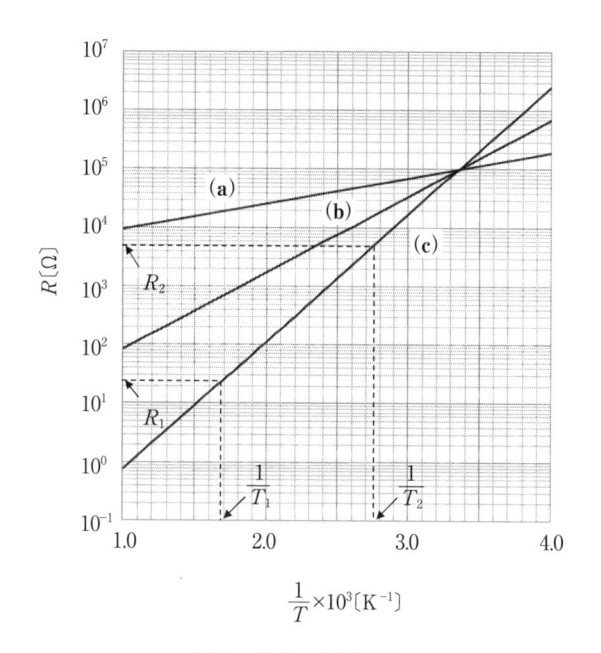

図1 抵抗の温度特性

であるから，電流値が増してくると発生する熱量も大きくなる．発生した熱はサーミスタのリード線を通って，あるいは周囲の物体を通って，伝導，対流，放射で失われるが，一部はサーミスタ自身の温度を上昇させる結果となり，ある温度で熱平衡に達するであろう．サーミスタの温度が安定したときは，サーミスタに流れる電流によって発熱するジュール熱は周囲への熱放射量 w 〔W〕と等しいから，

$$V \cdot I = w = \kappa(T - T_0) \tag{6}$$

と書ける．ここで κ は，自己発熱によってサーミスタ自身の温度を，周囲の温度より 1 K 上昇させるに必要な電力を表し，熱放散定数と呼ばれる．このような熱平衡状態で求められるサーミスタ端子間電圧と電流との間の関係を静特性という．

図2は，κ, R_0, T_0 を一定にし，B の値のみを変えたときのサーミスタの

静特性を表している．$B=0$ K あるいは電流が小さいときには，ほとんど自己発熱がなくて電圧と電流間ではオームの法則が成り立つ．電流が比較的に大きくなると，B が大きなサーミスタでは自己発熱が顕著になって，オームの法則が成り立たなくなり，$B=0$ K の直線からはずれだす．さらに大きい定数 B を持つサーミスタでは，その特性は負性抵抗となる．一般に，サーミスタを測温素子として使用するときは，オームの法則が成立する範囲のものを用いる．

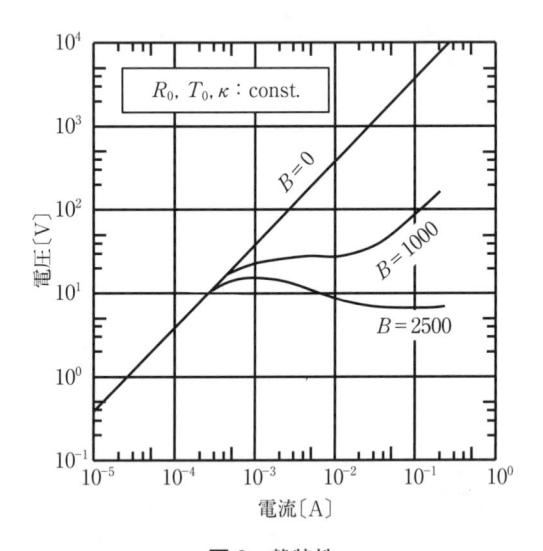

図2 静特性

熱容量 H [J/K]，熱放散定数 κ のサーミスタに電流を流し，自己発熱によって温度を T_1 まで上げる．次に，電流を切ると，周囲に熱を放散し温度は降下する．いま，サーミスタの温度が T になったとき，時間 dt の間に失う熱量を dQ とすると，（6）式から

$$dQ = \kappa(T-T_0)dt \tag{7}$$

である．この熱放散によって生じるサーミスタの温度の降下を $-dT$ とすれば

$$-HdT = \kappa(T-T_0)dt \tag{8}$$

である．これを積分すると次式を得る．

$$T-T_0=(T_1-T_0)\exp\left(-\frac{\kappa}{H}t\right)=(T_1-T_0)\exp\left(-\frac{t}{\tau}\right) \quad (9)$$

ここで，$\tau=H/\kappa$〔s〕である．この時間の次元を持った量 τ をサーミスタの熱時定数という．いま，(9)式で $t=\tau$ とおけば

$$T=T_1-0.632(T_1-T_0)$$

となる．すなわち，T_1 から $0.632(T_1-T_0)$ だけ温度が降下するまでの時間が熱時定数である．図3に周囲温度 $T_0=298$ K（25℃）で70℃まで自己発熱していたサーミスタを，$t=0$ s で発熱を中止し，その後のサーミスタ温度 T と時間 t との関係を求めたものである．

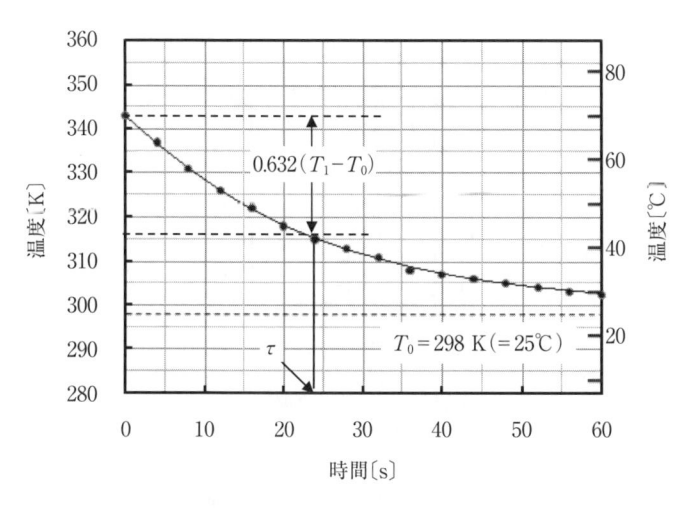

図3 サーミスタの冷却曲線

2. 実　　　験

実験課題

与えられたサーミスタについて，(1)～(3)の測定を行い，基礎的定数である，サーミスタ定数 B，熱放散定数 κ，および熱時定数 τ の各値を求めなさい．

(1) 抵抗の温度特性
(2) 静特性（電流-電圧特性）
(3) 熱時定数

実験装置と実験手順

実 験 方 法

図4に示すように，サーミスタ，温度計，銅容器は恒温槽の中に設置する．測定系は，図5のように，回路に直流安定化電源，電圧計，電流計，サーミ

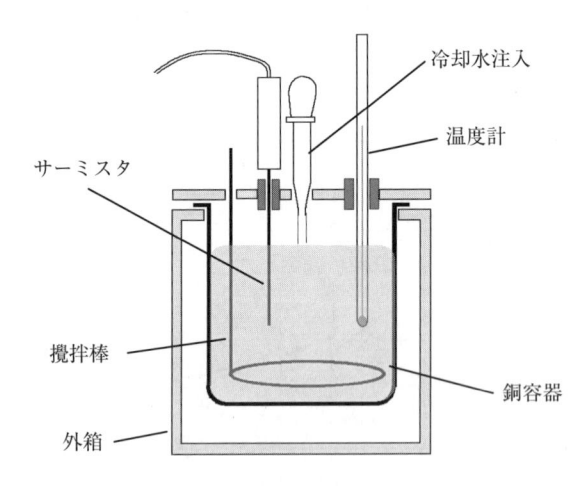

図4 恒温槽概略図

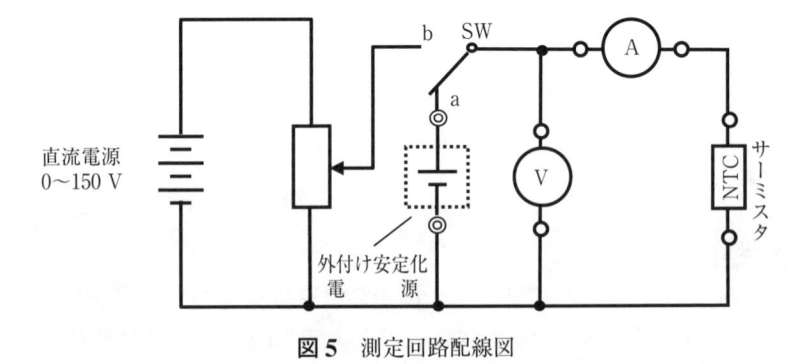

図5 測定回路配線図

タを接続する．図中'◎'は直流電源の1Vの取り付け端子を意味する．

（1） 抵抗の温度特性の測定

図5の切替スイッチをa側にし，サーミスタ端子間電圧を直流1V一定に保ったままで，恒温槽内の銅容器内に約80℃の温水を満たす．その後，自然冷却の過程での電流変化を約5℃間隔で測定する．冷却を早めたいときには，攪拌棒で温水を攪拌しながら冷水を少しずつ銅容器内に加える．このとき，あまり急に冷やさないように十分注意する．室温以下の測定の場合は，恒温槽の銅容器内に氷水を入れ，約0℃にしてから容器内に温水を加え，ゆっくり昇温させて行う．このとき冷却過程の測定温度範囲と一部が必ず重なるように，容器内の水温が室温以上になるまで測定を続ける．

（2） 静特性の測定

容器より水を排出し，布でふいた後，ドライヤーでよく乾燥する．回路（図5）のSWをb側に倒す．電圧調整つまみを少し回して止め，抵抗値が変化しやがて一定になるのを確認する．このときサーミスタを介しての熱の出入りが，定常状態になったことを表す．定常状態になるには数分の時間が必要であり，それまでつまみには触れないこと．この後，端子間の電圧と電流を読み取り，再びこの操作を繰り返す．測定をしながら，値を両対数グラフにプロットし，特性曲線が直線から外れていくのが確認されるまで電流の増加を続けて測定する（図2参照）．

（3） 熱時定数の測定

銅容器を空にする．SWをa側に倒し，端子間電圧が1Vであることを確認しSWをb側に戻す．前に求めた温度特性，および静特性の結果から，自己発熱させる電圧と電流を適当に選び，DC150V電源を使ってサーミスタの端子間に電圧を印加し，自己発熱によってサーミスタを周囲温度より約50℃高くする．このとき，不用意な大電流-電圧を加えるとサーミスタが破損するから注意すること．加熱が定常に達したときの電圧と電流を測り，抵抗値を求めてその値が，温度何℃に相当するかを温度特性（図1参照）から求める．その値が測定開始温度T_1である．続いてSWをbからa側に倒し，その直後から数秒間隔ですみやかに電流値を読み取る．SWをa側にすると端子間電圧は1

Vに変わる．それに従って電流も同時に小さな値となるので，電流計の測定レンジの切り換えも素早くしなければならない．前もって，どのレンジに切り換えるべきかを確認しておくとよい．端子間電圧と電流より抵抗を求め，サーミスタ温度を算出し，温度と時間との関係を図（図3参照）にまとめる．

3. 解析と考察

（1） 抵抗の温度特性
①片対数紙の横軸を絶対温度の逆数，縦軸を抵抗値に取り測定値をプロットしなさい．
②得られた直線から，サーミスタ定数 B を求め，サーミスタの活性化エネルギーを求めなさい．
（2） サーミスタの静特性
①両対数紙の横軸に電流，縦軸に電圧を取り，測定値をプロットする．
②オームの法則が成り立つ範囲を見極めなさい．
③熱放散定数 κ を求めなさい．
④サーミスタの使用温度領域を大きく超えて電流を流すとどんな事態となるか考えなさい．
（3） 熱時定数の決定
①対数紙の横軸に経過時間 t，縦軸に $(T-T_0)$ を取り，（9）式に従って直線の傾きを求め，熱時定数 τ を算出しなさい．ただし，周囲温度 T_0 は銅容器内の温度とする．
②熱放散定数と熱時定数の測定のとき，サーミスタを水の中に入れて行ったらどのような値が得られるかを考えなさい．
③サーミスタがどのようなところで利用されているか例をあげて示しなさい．

8 光の回折

目的

単スリット,複スリットおよび4スリットによるレーザー光の回折強度分布を測定し,その光学的性質を学ぶ.

1. 解説

　幅 AB の細い隙間(スリット)のある衝立に,平面波が垂直に入射すると,図1のようにスリットから2次波が出ていく.その波面の中央部はほぼ平面であるが,両脇には湾曲した部分がある.この湾曲部分がスリットによる回折波で,そこでは光の直進性が成り立たない.しかし,この部分の光の強さは,スリットの幅が光の波長に対して十分に大きければ,平面部分の強さに比べてその差は小さく無視できる.つまり光は直進するものと見なせる.

　それでは,スリットの幅が光の波長と比較できる程度になったらどうなるだ

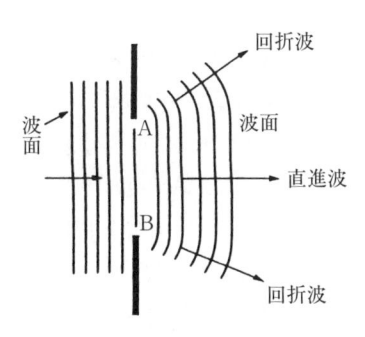

図1 平面波の回折

ろうか．まず光が1つの細いスリット（単スリット）で回折する場合について考えよう．

　光源とスリットの位置，あるいは，スリットと回折波を結像させるスクリーンが，互いに近い距離にある場合をフレネル(Fresnel)の回折といい，両者がともに十分離れた位置にあって，入射光を平行光と見なせる場合をフラウンホーファー(Fraunhofer)回折という．

　図2は後者の回折を示す．紙面に垂直な断面ABのスリットに平行光線を垂直に送り，回折した平面波を凸レンズで受け，焦点面にできる像について，入射光線と任意の角θをなす方向の回折像について考える．

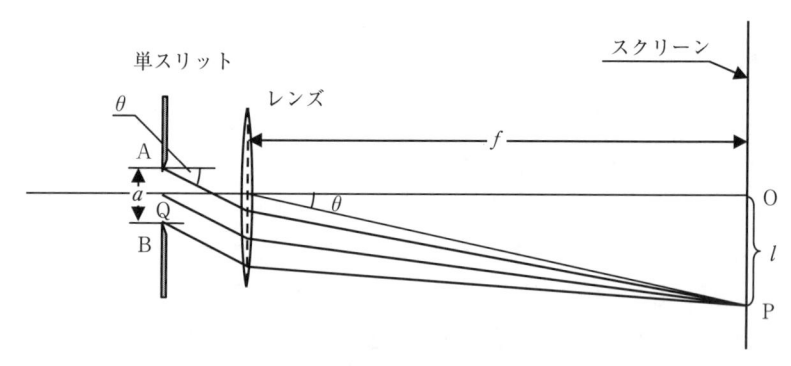

図2 フラウンホーファー回折

　ホイヘンス(Huygens)の原理によれば，スリットAB上の各点は2次波の新しい光源となり，その2次波は同位相，同振幅である．それゆえ，スリットの垂直方向に進む2次波は，みな同じ位相で強めあう．次に，入射光とθをなして進行する光を考える．図2のスリットの周辺を拡大して示したのが図3である．スリットABの中点をQとし，A, Q, B点からθ方向に進む光をそれぞれAC, QE, BDとし，BからACに垂線BTHを下ろす．いまスリット幅をaとすれば，QT$=(a/2)\sin\theta$で，その距離はAC, QEなる2つの光線の光路差となる．ここで入射光の波長をλとするとQT$=\lambda/2$，つまり，$a\sin\theta=\lambda$のとき光線ACとQEとはレンズの焦点面上で互いに打ち消しあう．したがっ

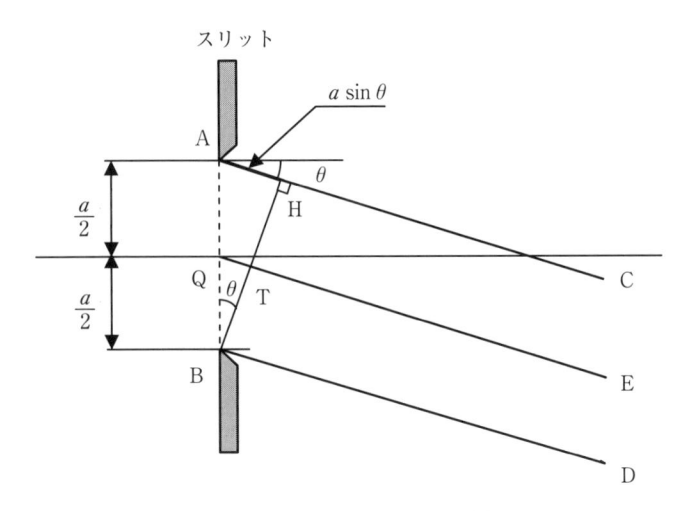

図3 単スリットによる回折

てレンズの焦点面上には，
$$a \sin \theta_n = n\lambda \qquad (1)$$
を満たす角度で，明るさの極小を示す斑点がほぼ等間隔に1列に並んで観察される．（1）式より極小を示す角度が小さいときは $\theta_n \approx \dfrac{\lambda}{a} n$ ($n = \pm 1, \pm 2, \cdots$) と近似できる．これより，0次の回折斑点の幅 $2\lambda/a$ が1次以上の各回折斑点の幅 λ/a の2倍になっていることがわかる．

次に入射光と角度 θ をなす方向の回折光の強度について考える．図2のスクリーン上，角度 θ をなして到達した回折光の位置をPとする．また，スリットABの幅を n 等分すると，n 等分された各点で生じる隣り同士の回折波の間には
$$\varepsilon = k\frac{a}{n}\sin\theta = \frac{2}{n}\beta \qquad \left(\text{ただし } \beta = \frac{1}{2}ka\sin\theta\right) \qquad (2)$$
の位相差がある．ここで k は波数 $(2\pi/\lambda)$．また β はスリットの一端と中点とを通る2本の回折波の間の位相差である．このとき，全体の振幅を A_0 とする

と，n 等分された各点からの回折波の振幅は (E_0/n) となるから，点 P での合成波 A は

$$E=\frac{E_0}{n}[\sin\omega t+\sin(\omega t+\varepsilon)+\sin(\omega t+2\varepsilon)+\cdots\cdots+\sin(\omega t+(n-1)\varepsilon]\quad(3)$$

となる．ここで，ω は光の角振動数である．（3）式を整理するにあたって複素数を用いると，

$$\sin(\omega t+(n-1)\varepsilon)=\frac{\exp[i(\omega t+(n-1)\varepsilon)]-\exp[-i(\omega t+(n-1)\varepsilon)]}{2i}$$

と表されるから，全体の和は

$$E=\frac{E_0}{n}\cdot\frac{1}{2i}\left\{\sum_{s=1}^{n}\exp i(\omega t+(s-1)\varepsilon)-\sum_{s=1}^{n}\exp i(\omega t+(s-1)\varepsilon)\right\}$$

$$=\frac{E_0}{n}\cdot\frac{1}{2i}\left\{\exp(i\omega t)\sum_{s=1}^{n}\exp i((s-1)\varepsilon)-\exp(-i\omega t)\sum_{s=1}^{n}\exp i((s-1)\varepsilon)\right\}\quad(4)$$

となる．ここで，

$$1+e^x+e^{2x}+\cdots\cdots+e^{(n-1)\varepsilon}=\frac{1-e^{nx}}{1-e^x}$$

の関係を利用すると，（4）式の { } 内は

$$e^{i\omega t}\left(\frac{1-e^{in\varepsilon}}{1-e^{i\varepsilon}}\right)-e^{-i\omega t}\left(\frac{1-e^{-in\varepsilon}}{1-e^{i\varepsilon}}\right)$$

となり，さらに第1項のカッコ内を

$$\frac{1-e^{in\varepsilon}}{1-e^{i\varepsilon}}=\frac{e^{in\varepsilon/2}(e^{in\varepsilon/2}-e^{-in\varepsilon/2})}{e^{i\varepsilon/2}(e^{i\varepsilon/2}-e^{-i\varepsilon/2})}=\frac{\sin(n\varepsilon/2)}{\sin(\varepsilon/2)}e^{i\frac{n-1}{2}\varepsilon}$$

とし，第2項も同様に展開すると，（4）式は

$$E=\frac{E_0}{n}\frac{\sin(n\varepsilon/2)}{\sin(\varepsilon/2)}\sin\left(\omega t+\frac{n-1}{2}\varepsilon\right)\quad(5)$$

となる．ここで振幅を

$$A=\frac{E_0}{n}\frac{\sin(n\varepsilon/2)}{\sin(\varepsilon/2)}\quad(6)$$

と表し，$n\to\infty$ とすると，$\varepsilon\to 0$ となり，振幅は

$$A = \lim_{n \to \infty} E_0 \frac{\sin(n\varepsilon/2)}{n\varepsilon/2} \cdot \frac{\varepsilon/2}{\sin(\varepsilon/2)} = E_0 \cdot \frac{\sin\left(\frac{1}{2}ka\sin\theta\right)}{\left(\frac{1}{2}ka\sin\theta\right)} = E_0 \frac{\sin\beta}{\beta} \quad (7)$$

となる.回折光の強度は振幅 A の二乗であるから,次式で表される.

$$I(\theta) = A_0^2 \left[\frac{\sin\left(\frac{1}{2}ka\sin\theta\right)}{\frac{1}{2}ka\sin\theta}\right]^2 \quad (8)$$

$\theta=0$ における回折光の強度を I_0 とおくと, $I_0 = A_0^2$ となり,他の回折光との相対強度は

$$\frac{I(\theta)}{I_0} = \left[\frac{\sin\left(\frac{1}{2}ka\sin\theta\right)}{\frac{1}{2}ka\sin\theta}\right]^2 \quad (9)$$

と表される.相対強度を $f(\beta)$ で表すと(6)式は

$$f(\beta) = \frac{\sin^2\beta}{\beta^2} \quad \left(\beta = \frac{1}{2}ka\sin\theta\right) \quad (10)$$

となる.図4は相対強度 f と β との関係を示す.図中の個々の極大,極小の位置は(7)式を β で微分し, $df/d\beta = 0$ の条件から求められる.すなわち,

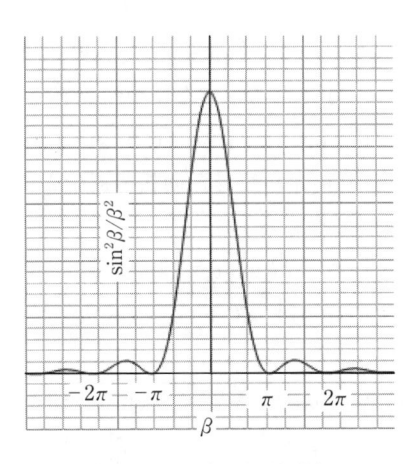

図4 回折波の相対強度

$$\frac{d}{d\beta}\left(\frac{\sin\beta}{\beta}\right)^2 = 2\frac{\sin\beta}{\beta}\cdot\frac{\beta\cos\beta-\sin\beta}{\beta^2} = 0 \tag{11}$$

である．(11)式より，$\sin\beta=0$ を満たす条件は図4の極小の位置に対応するから，

$$\left(\frac{\pi a}{\lambda}\right)\sin\theta = n\pi \quad (n=\pm 1, \pm 2, \cdots)$$

すなわち，(1)式の $a\sin\theta=n\lambda$ が導かれる．

他方，極大を示す位置は，$\beta=0$ または $\beta=\tan\beta$ を満たす条件で，後者は

$$\beta = \pm 1.430\pi, \pm 2.459\pi, \pm 3.471\pi, \cdots \tag{12a}$$

である．ただし，それぞれの値は，$(2n+1)\pi/2$ にほぼ等しい．したがって，

$$\theta=0, \quad \sin\theta \approx \left(n+\frac{1}{2}\right)\frac{\lambda}{a} \tag{12b}$$

でおおよそ極大になるとみてよい．また，$\beta=0$ の場合以外で，次数の低い回折光は，θ がきわめて小さく $\sin^2\beta\approx 1$ であることを考慮すると，(10)式の関係から相対強度の極大値は，次数が増すと $1/\beta^2$ の割合で減少していくことがわかる．

回折格子

　等しい幅 a を持つ多くのスリット（N 個）を等間隔 b で並べたものを回折格子と呼び，b を格子定数という．回折格子に一様に平行光を当てると，個々のスリットから，(7)式で示される振幅を持つ回折を起こすとともに，それぞれのスリットから出た回折光同士も干渉しあう．1つのスリットの一端を原点にすると，隣り合うスリットから生じた回折光同士の位相差 ϕ は，図5からわかるように

$$\phi = kb\sin\theta = 2\gamma \tag{13}$$

である．したがって，θ 方向に対してすべてのスリットからの回折光を重ね合わせると，(3)式と同様に

$$E = A(\theta)[\sin\omega t + \sin(\omega t+\phi) + \cdots\cdots + \sin(\omega t+(N-1)\phi)] \tag{14}$$

$$E = E_0 \frac{\sin\beta}{\beta}\cdot\frac{\sin N\gamma}{\sin\gamma}\cdot\sin\left(\omega t + \frac{(N-1)}{2}\phi\right) \tag{15}$$

8 光の回折 **139**

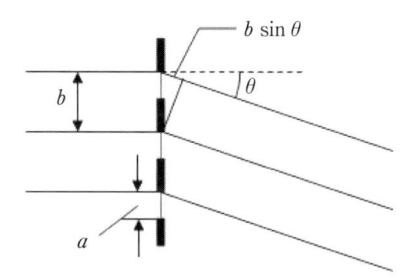

図5 回折格子の隣り合うスリットで起こる回折光の光路差

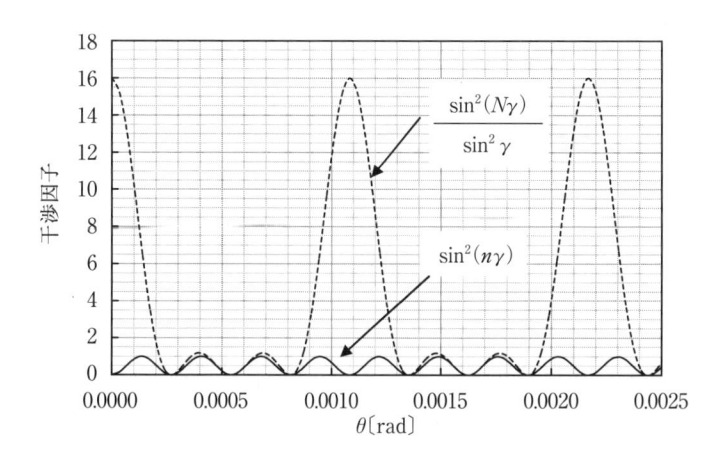

図6 4スリットの場合の干渉因子の角度依存

と表されるから，回折光の強度 I は

$$I=E_0^2 \cdot \frac{\sin^2 \beta}{\beta^2} \cdot \frac{\sin^2 N\gamma}{\sin^2 \gamma} \quad \left(\gamma=\frac{\pi b}{\lambda}\sin \theta\right) \tag{16}$$

となる．(16)式の右辺，第2項は(10)式と同じもので，1個のスリットの効果を表し，回折因子と呼ばれる．また，第3項はスリット間の干渉の効果を表すので，干渉因子と呼ばれる．図6に干渉因子（$N=4$，すなわち4スリットの場合）の角度依存の様子を示し，図7に回折因子と干渉因子の積である相対強

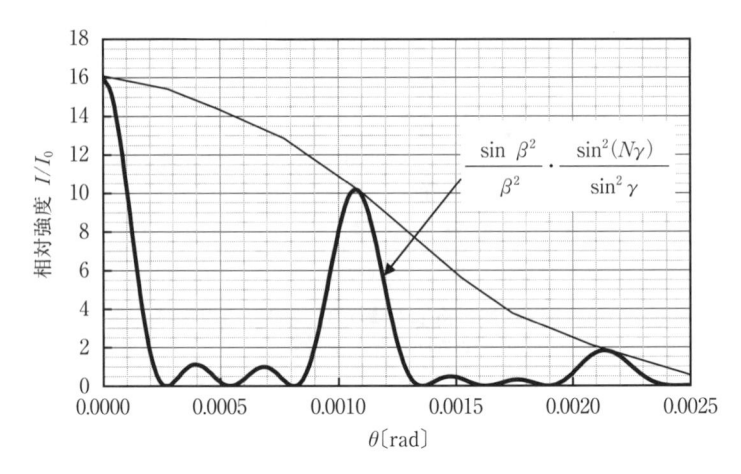

図7 4スリットの回折光の相対強度

度 I/I_0 の角度依存を示す.

2. 実　験

〈注意〉
　レーザー光は集中した強い光線であるので，絶対に直接光を覗き込んだり，人に向けたりしてはならない．視力障害を起こす可能性がある．測定の際にも十分にこのことを考え，測定の姿勢などに注意しなさい．

実験課題

（1）単スリットを通過した半導体レーザーの回折斑点像を観察しなさい．
（2）スリット幅の異なる2つの単スリットそれぞれについて，回折光の強度分布を測定し，用いた半導体レーザーの波長 λ を求めなさい．
（3）測定された回折光の強度分布と(6)式に従った計算値を比較しなさい．
（4）2スリットおよび4スリットによる回折光の強度分布を測定し，回折因子，干渉因子を考慮し，(16)式を元にスリットの幅およびスリットの間隔を

算出しなさい．

実験装置と実験手順

実験装置

図8に示すように，装置は半導体レーザー，スリット固定台およびシャッターを組み込んだ光学台と遊尺顕微鏡からなる．スリットは固定ねじの調整で交換可能であり，シャッターは遊尺顕微鏡の目盛を読み取るとき，レーザー光を遮るために用いる．遊尺顕微鏡には，光軸調整のための反射ガラスと光検出素子が装着されている．スリットと検出素子間の距離は 2.5～3.0 m 離しておく．

測定準備

（1）遊尺顕微鏡の水平位置調整ねじ A を回し，副尺の 0 を主尺の中央となる 100 mm の線に合わせ，図8のように配置する．

（2）水準器を使って光学台および遊尺顕微鏡を水平に調整する．

（3）光源側のスリット固定台に記された中心線を目安に，スリットを仮止めし，その状態で半導体レーザーの電源を ON する．このとき，レーザー光がスリットを均等に照射していることを確かめる．次に，一度スリットを外し，入射光が遊尺顕微鏡付属のガラス（受光スリットのほぼ真上に配置）で反射され，元の位置に戻るように遊尺顕微鏡の位置および向きを，水準器で水平を確かめながら微調整する．

（4）高さ調整ねじおよび受光素子のための，水平調整ねじ B を使って受光素子（スリット位置）を入射光の高さに合わせる．

（5）再び光源側に単スリットを付け，（4）で調整した受光素子の位置に最も明るい回折斑点が到達し，かつ，左右対称の強度分布と思われるように単スリットの位置を微調整し固定する．このときスリットの支持枠は固定台の低部に密着させること．またスクリーンは白紙，または実験ノートなどを代用する．

（6）水平位置調整ねじ A で受光素子を移動し，斑点の並ぶ高さを追跡できていることを，左右，3次の斑点まで追跡し確かめる．左右3次の斑点の強

142　物理学実験―応用編―

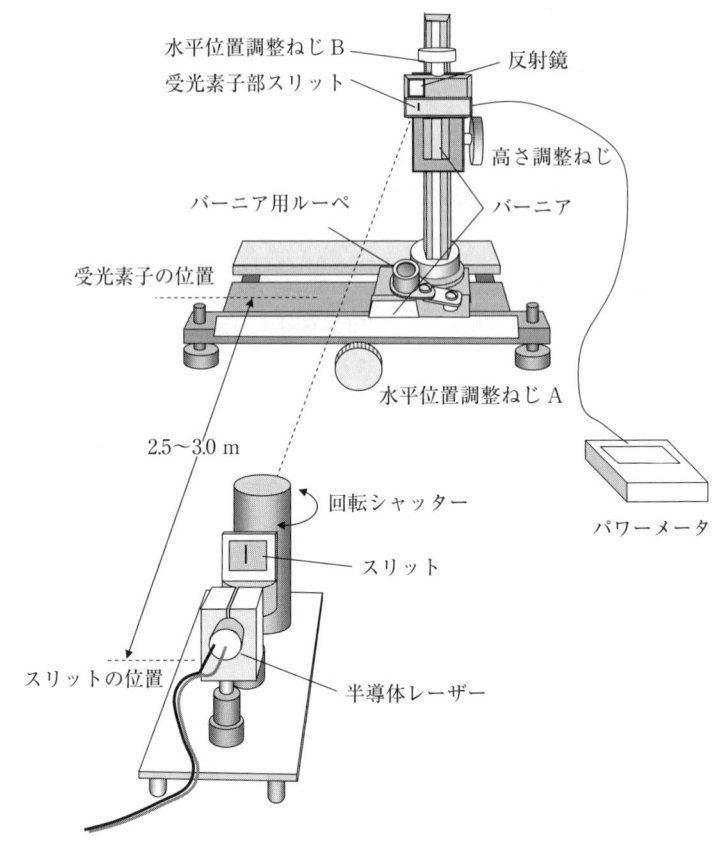

図 8　光学台および遊尺顕微鏡の配置

度がほぼ等しいことを確かめればよい．

（7）　もし強度にずれがあるときは，遊尺顕微鏡の左右のねじを，互いに逆向きに同じ量だけ，少し回転させ強度を確認する．このとき左右のねじの回転を同時に行うと，遊尺顕微鏡全体が動いたりするので静かに調整を繰り返すこと．この調整は強度分布測定に重要であり注意深く行うこと．

測 定 手 順
（1） スリットから受光素子までの距離 L を巻き尺で測定する．
（2） シャッターを開き，回折斑点中央部の明斑点の幅とそれ以外の斑点の幅を観察する．
（3） 遊尺顕微鏡の副尺の 0 位置を主尺の中央 100 mm の線に合わせ，これを基準位置として計測の開始点とする．
（4） 基準位置で回折波の強度を測定し，次に，右に 0.5 mm ずつ 30 mm まで，受光素子を移動しながら，それぞれの位置で回折波の強度を測定する．<u>受光素子の位置を設定し，読み取る間，必ずシャッターを閉じるか，光路を遮断し，計測者が不用意な光を受けないように，互いに注意すること．</u>
（5） 受光素子を元の基準位置に戻し，その位置で回折波の強度を測定する（測定初めの値とわずかに異なる場合があるので必ず測定する）．
（6） 次に，左に 0.5 mm ずつ 30 mm まで受光素子を移動しながら，それぞれの位置で回折波の強度を測定する．
（7） 受光素子を中央に戻し，スリットを交換する．
（8） 2～6 の過程を繰り返す．
（9） 測定が終了したら，レーザーの電源を OFF にする．

複数のスリットによる回折光の強度分布
（10） スリットの表示を見て，2 本スリットを選択し，上記と同様にしてスリット位置を調整する．
（11） 明るい斑点の間に薄く，狭い間隔で並んだ斑点群が加わった回折像を確認し，単スリットの場合と同様に回折斑点の強度分布を測定する．
（12） スリットと受光素子の距離が十分でないと，0.5 mm 間隔の測定では不十分となることがある．測定前に状態を確認し，必要があるならば測定間隔を 0.2 mm にする．
（13） 4 本スリットに交換し，（11），（12）の過程を繰り返す．

3. 解析と考察

単スリットによる回折

スリット・受光素子間の距離 L（〜2.5 m）に比較し，本実験の強度測定範囲である ±30 mm は十分に小さいので $\tan\theta \approx \theta$ が成り立つ．それゆえ（1）式より

$$\frac{x}{L} \approx \frac{\lambda}{a}n$$

とおける．これより次式が導かれる．

$$x = \frac{L\lambda}{a}n \tag{17}$$

（1）2つのスリットそれぞれについて x と n の関係を図9のようにまとめ，直線の傾きより半導体レーザーの波長 λ を決定しなさい．ただし，各スリットの幅はスリットに表示されている値を使用してよい．

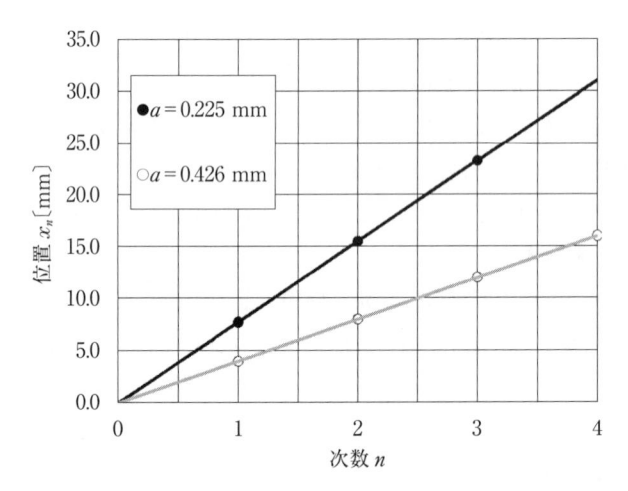

図9 暗点の次数 n に対する位置（$L = 2550$ mm の例）

図9は測定手順（4）に従って描かれたものである．手順（6）についても求めなさい．

（2） 回折波スペクトルについて，右側のそれぞれの強度を初めの値で規格化し，$I(x)/I_0$ を計算しなさい．左側についても同様に処理しなさい．

（3） （9）式において $\sin\theta \fallingdotseq \tan\theta = x/L$ とし，

$$\frac{I(x)}{I_0} = \left[\frac{\sin\left\{\left(\frac{\pi a}{\lambda L}\right)x\right\}}{\left(\frac{\pi a}{\lambda L}\right)x}\right]^2 \tag{18}$$

に従って相対強度をグラフ化しなさい．

（4） 3の計算より，極大，極小の位置を求め，実測と比較しなさい．図10は実測の一例を示す．

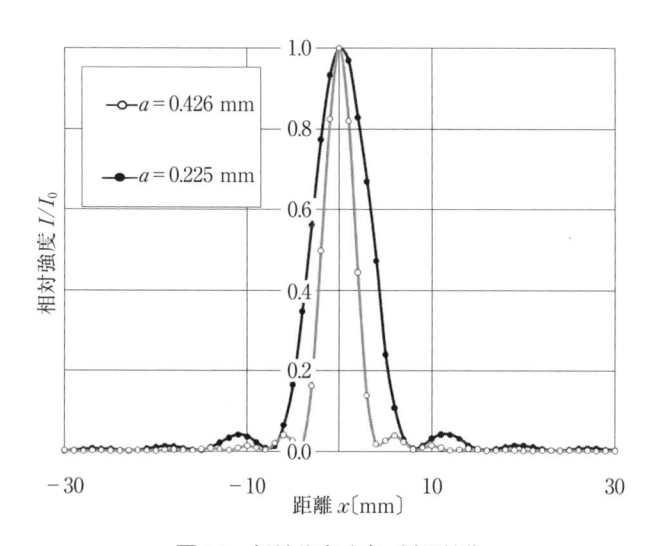

図10 相対強度分布（実測例）

（5） 回折光の強度は β に依存し，その極大値は(10)式で示されるように $1/\beta^2$ に従って減少する．このことを実測値で確かめなさい．

（6） 計算で得られた1次の回折光の相対強度分布を対象にして，極大の位置が(12b)式に従うことを確認しなさい．

回折格子

（7） スリットおよび4スリットによる回折光の相対強度分布を，図に描きなさい．もし，左右で，初めの強度が異なった場合は，右，左を独立に相対強度にした後，左右一体の図にまとめなさい．

（8） (16)式を参考にして，2スリットで得られた相対強度分布からスリットの幅 a およびスリットの間隔 b を求めなさい．

（9） 上記8で得られたスリット幅 a およびスリットの間隔 b を用い，(16)式に従って4スリットの場合の回折因子，干渉因子を距離 $\pm 30\,\mathrm{mm}$ まで計算し実測値と比較し，相対強度分布の構成を説明しなさい．たとえば，図11に示す4スリットの場合の相対強度分布で，10〜20 mm の付近にピークが現れないことを回折・干渉の各因子を考慮して説明しなさい．

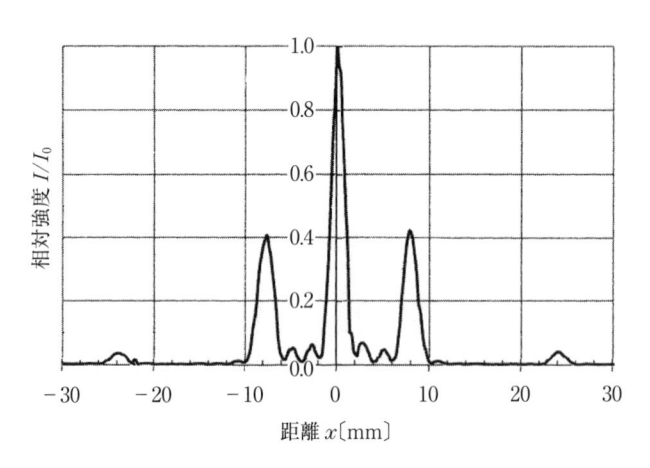

図11 4スリットの相対強度分布（実測例）

（10） 回折格子を用いるとさまざまな波長の光を分けることができるが，その際，
　①波長 λ に応じて干渉因子の主極大（式(16)および図6参照）の位置 θ が大きく離れていること
　②1つの回折光線の幅が狭く，他と重なっても見分けがつくこと

が必要となる．①については主極大が干渉効果の分母の $\sin\gamma$ が 0 になる位置 $\sin\theta = m\lambda/b (m=0, \pm 1, \pm 2, \cdots)$ で与えられるから

$$\frac{d\theta}{d\lambda} = \frac{m}{b\cos\theta} \tag{19}$$

が大きくなければならない．この量を分散度という．また，(16)式からわかるように，干渉因子の分子が 0 になる位置，$N\gamma = m'\pi (m'=0, \pm 1, \pm 2, \cdots)$ があるから，$m' = Nm+1$ とおき

$$\sin\theta = \frac{m\lambda}{b}, \quad \sin\theta' = \sin(\theta + \delta\theta) = \frac{(Nm+1)\lambda}{Nb}$$

より

$$2\delta\theta = \frac{2\lambda}{Nb\cos\theta} \tag{20}$$

を得る．(19)，(20)式より

$$\delta\lambda = \frac{d\lambda}{d\theta}\delta\theta = \frac{b\cos\theta}{m} \cdot \frac{\lambda}{Nb\cos\theta} = \frac{\lambda}{mN}$$

すなわち

$$\frac{\lambda}{\delta\lambda} = mN \tag{21}$$

が導かれる．これを回折格子の分解能という．(21)式をもとに，Na の D 線は 0.6 nm の間隔（589.6 nm，589.0 nm）を持つ二重線である．これを 2 次のところで分解するために必要な最低の格子数を求めなさい．

9 偏　　光

> **目的**
> 半導体レーザー光の反射および屈折を通して偏光の性質を調べ，光が横波であることを理解し，ブリュースターの法則を用いてガラスの屈折率を求める．

1. 解　説

　偏光板という薄い板がある．この板を図1のように2枚重ねた状態に豆電球などの自然光を透過させてみる．このとき，一方の偏光板は固定したままで，他の偏光板を入射方向に直角な面内で，ゆっくりと回転すると，透過してきた光が明るくなったり，暗くなったりする．このように，偏光板には光をよく通す向きがあり，2枚の偏光板のその向きが一致したとき最も明るい．図1の偏光板に引かれている線でその向きを表している．2枚重ねたとき透過光が最も明るくなる位置を基準にして一方の偏光板を回すと，ちょうど90°だけ回転させたとき，最も暗い状態となることがわかる．このことから，光は横波であっ

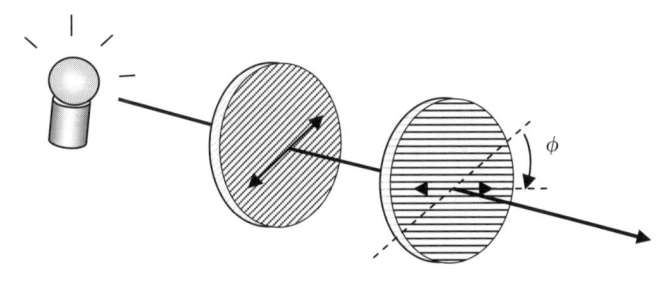

図1　2枚の偏光板を通過する光

て，自然光はその伝播方向（光の進行方向）に垂直な面内で，すべての方向に均一に振動しているが，偏光板によって，ある一定方向の振動成分だけが通過する．そのため2枚目の偏光板の向きが第1の偏光板の向きと直交するときは通過する光の成分が失われてしまうと説明できる．このような光の性質を詳しく調べてみよう．

偏　光

電磁気学によれば，光は電磁場エネルギーの流れで，ポインティングベクトル（Poynting vector）$S = E \times H$で表される．電場Eと磁場Hとは互いに直交し，振動しながら光速度$\left(v = \dfrac{1}{\sqrt{\varepsilon\mu}}\right)$で，$S$ベクトル（光軸）方向に伝わっていく．また，$E$ベクトルと$H$ベクトルの作る振動波を，それぞれ$E$波，$H$波と呼ぶが，荷電粒子が多く分布する物質では，$E$波の方が強く影響を受ける．$E$ベクトルが乗っている面を偏光面と呼び，以下で述べる．

いま光軸に垂直な平面内に2軸，x軸とy軸をとると，E波のそれぞれの成分は

$$E_x = A_x \sin(\omega t + \varepsilon_x)$$
$$E_y = A_y \sin(\omega t + \varepsilon_y) \tag{1}$$

と表される．ここで$\varepsilon_x = \varepsilon_y$ならば，ベクトルが座標軸となす角は時間に関係なく一定である．つまり，光の振動面が常に一定であり，これを平面偏光あるいは直線偏光と呼ぶ．一般に電場ベクトルの先端の描く軌跡は(1)式の2つの式からtを消去して得られる楕円

$$\frac{E_x^2}{A_x^2} + \frac{E_y^2}{A_y^2} - 2\frac{E_x E_y}{A_x A_y}\cos^2(\varepsilon_x - \varepsilon_y) = \sin^2(\varepsilon_x - \varepsilon_y) \tag{2}$$

となるので楕円偏光という．とくに$\varepsilon_x - \varepsilon_y = \pi/2$で，かつ，$A_x = A_y = A$のとき，

$$E_x^2 + E_y^2 = A^2 \tag{3}$$

となり，円軌道を描くので，これを円偏光と呼ぶ．図1に示したような電球や太陽光などの自然光はこのような楕円偏光が不規則に混合した状態といえる．

自然光を図1で示すような偏光板に入射させると，偏光板によって決められる，ある特定の方向に振動する光の成分のみが取り出される．このときその役割の意味からこの偏光板を偏光子と呼び，取り出された光を直線偏光と呼ぶ．この直線偏光の強度（振幅の2乗）を第2の偏光板を通し，さらに偏光板を回転させながら，透過光の強度を調べる．このとき，第2の偏光板はその役割から検光子と呼ばれる．直線偏光の強度を I_0，透過光の強度を I とし，検光子の回転角を ϕ とすると，透過光強度の回転角依存は次式で表される．

$$I = I_0 \cos^2 \phi \tag{4}$$

これをマリュー(Malus)の法則という．(4)式からわかるように，偏光板が1回転する間に $\cos \phi$ の値は $\phi = \pi/2, 3\pi/2$ で透過光が0となる．このことは直線偏光の透過光強度は回転角に対し数字の8の形に分布することがわかる．

次に，直線偏光をある結晶板（雲母板など）に入射させる場合を考える．

図2に示すように，偏光子を通過し結晶板に達した直線偏光の振動方向をOPとし，E をその振幅とする．この直線偏光が雲母板のような結晶板に入射すると，互いに垂直な2つの偏光となって進むことが知られている（これを常光線（ordinary ray）と異常光線（extraordinary ray）と呼ぶ）．2つの偏光の振動方向をそれぞれ，x, y とし，OPと x とのなす角を θ とすると，結晶内の常光線，異常光線の振幅は

$$\begin{aligned} A_o &= E \cos \theta \\ A_e &= E \sin \theta \end{aligned} \tag{5}$$

と表される．結晶板に垂直入射した直線偏光は，屈折はしないが，常光線，異常光線に分かれたそれぞれの光線の進む速度は異なる．つまり屈折率が異なる．したがって，それぞれの光線に対する屈折率を n_o, n_e，結晶板の厚さを d とすると，結晶板を通過したあとの両光線の間には次の光路差 Δ が生じる．

$$\Delta = (n_o - n_e) d \tag{6}$$

これを，波の位相差に書き換えると

$$\delta = 2\pi \frac{\Delta}{\lambda} = \frac{2\pi}{\lambda}(n_o - n_e) d \tag{7}$$

となる．結晶板を通過したあとの2つの偏光は，それぞれ次式となる．

152 物理学実験―応用編―

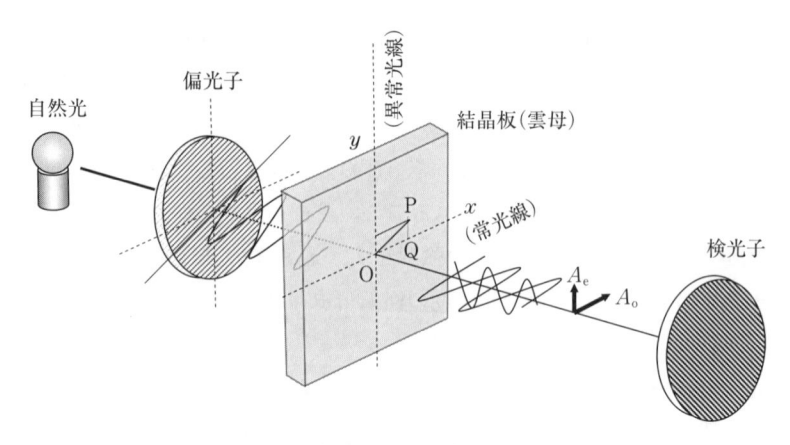

図2 偏光子と結晶板の配置

$$E_o = E \cos \theta \cdot \sin(\omega t + \varepsilon_o)$$
$$E_e = E \sin \theta \cdot \sin(\omega t + \varepsilon_e)$$
(8)

ここで，$\varepsilon_o - \varepsilon_e = \delta$ である．結晶板を通過した2つの偏光は合成波となるから，その合成波は結晶板の厚さ d が変わると位相差 δ も変化し，電場ベクトル E の先端が描く軌道が変化する．軌道は(1)，(2)，(3)式からわかるように，一般に楕円を描く．この楕円軌道を δ の種々の値に対し表したのが図3である．

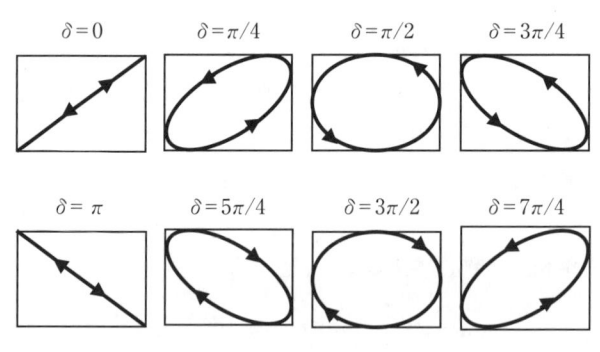

図3 位相差と電場ベクトルの軌道

位相差が $0<\delta<2\pi$ の範囲で，$\delta=\pi/2$ のときは楕円の主軸は，水平および垂直軸と重なる．このとき，図2の偏光面の OP の傾きが $\theta=\pi/4$ であるとすると，(8)式のそれぞれの振幅，$E\cos\theta$ と $E\sin\theta$ は等しくなり，楕円偏光はとくに円偏光となる．このような特性を持つ結晶板を1/4波長板と呼ぶ．また，位相差が $\delta=\pi$ となる厚さの結晶板では，偏光面が入射光と同じく直線偏光となるが，振動面は水平方向に対して対称（図3参照）となる．これを1/2波長板と呼ぶ．Na の D 線（589.0 nm，589.6 nm）に対して雲母結晶板の屈折率が $n_0=1.5443$，$n_e=1.5534$ であるから，このときの1/4波長板の厚さは(7)式から $16.2\,\mu$m と算出される．

次に媒質中を伝播する直線偏光が，他の媒質との境界面に達した場合について考える．光が一様な媒質（誘電率 ε，透磁率 μ）中を伝わるとすると

$$\text{div}\,\boldsymbol{E}=0 \qquad \text{div}\,\boldsymbol{B}=0$$
$$\text{rot}\,\boldsymbol{E}=-\frac{\partial \boldsymbol{B}}{\partial t} \qquad \text{rot}\,\boldsymbol{B}=\varepsilon\mu\frac{\partial \boldsymbol{E}}{\partial t} \tag{9}$$

が成り立つ．ここで rot rot $\boldsymbol{A}=\text{grad div}\,\boldsymbol{A}-\Delta\boldsymbol{A}$ の関係を用いると

$$\Delta\boldsymbol{E}=\varepsilon\mu\frac{\partial^2 \boldsymbol{E}}{\partial t^2} \tag{10a}$$

または

$$\Delta\boldsymbol{B}=\varepsilon\mu\frac{\partial^2 \boldsymbol{B}}{\partial t^2} \tag{10b}$$

が導かれる．(10a)，(10b)式ともに電磁波の波動方程式であり，波の伝わる速さ v は

$$v=\frac{1}{\sqrt{\varepsilon\mu}} \tag{11a}$$

である．さらに真空中では，光の速さを c，誘電率と透磁率を ε_0，μ_0 とすれば

$$c=\frac{1}{\sqrt{\varepsilon_0\mu_0}} \tag{11b}$$

である．いま誘電率が ε_1，ε_2，透磁率が $\mu_1\simeq\mu_2\simeq\mu_0=1$ である2つの媒質1，2が，図4のように境界面で接しており，その境界面には表面真電荷や表面伝導電流がないものとすると，そこでは

$$\text{div}\,\boldsymbol{D}=0 \quad \text{div}\,\boldsymbol{B}=0 \tag{12}$$

である．ここで，$\boldsymbol{D}$ は電束密度 $[\mathrm{C/m^2}]$，$\boldsymbol{B}$ は磁場（磁束密度）$[\mathrm{Wb/m^2}]$ を表す．(12)式にガウスの法則を用いると，$\boldsymbol{D}$ および $\boldsymbol{B}$ の境界面に垂直な成分（添え字 n を付けて表す）については

$$\iint_S D_n dS = D_{n2}S - D_{n1}S = 0, \quad \iint_S B_n dS = 0 \tag{13}$$

となるので，

$$D_{1n} = D_{2n}, \quad B_{1n} = B_{2n} \tag{14}$$

が成り立つ．

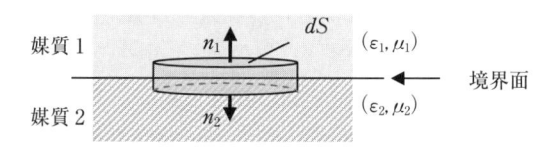

図4 境界面にとった円柱形の積分路

また境界面でアンペールの法則および電磁誘導の法則を用い，境界面の接線の方向（添え字 t を付けて表す）では，

$$E_{1t} = E_{2t}, \quad H_{1t} = H_{2t} \tag{15}$$

なる関係を得る．以下では直線偏光がこのような境界面に達した場合について述べよう．

境界面に垂直に入射する直線偏光

初めに，媒質1から媒質2に向かって境界面に垂直に光（電磁波）が入射する場合を考える．ここで，ある瞬間における界面での入射光（入射波）の電場を $\boldsymbol{E}_1$，磁場を $\boldsymbol{H}_1$ とし，反射光（反射波），屈折光（屈折波）のそれぞれを，$\boldsymbol{E}'_1, \boldsymbol{E}_2$ および $\boldsymbol{H}'_1, \boldsymbol{H}_2$ とする．界面では反射光のポインティングベクトルは逆転するので，反射光の電場あるいは磁場を表すベクトルのどちらかが向きを逆転することになる．図5は電場ベクトルが逆転した場合を示す．(15)式より

$$E_1 - E'_1 = E_2 \tag{16}$$

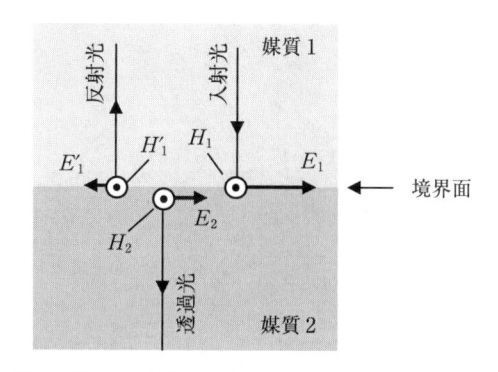

図5 界面に垂直に入射する電磁波の反射・透過のベクトル関係（$n_2 > n_1$）

また，媒質1,2における屈折率をn_1, n_2とすれば，

$$\frac{E_1 n_1}{c\mu_0} + \frac{E'_1 n_1}{c\mu_0} = \frac{E_2 n_2}{c\mu_0} \tag{17}$$

さらに，$\mu_0, \mu_1, \mu_2 \simeq 1$を考慮すると

$$E_1 + E'_1 = \frac{n_2}{n_1} E_2 \tag{18}$$

を得る．(16)式と(18)式より

$$E'_1 = \left(\frac{n_2 - n_1}{n_2 + n_1}\right) E_1 \tag{19}$$

$$E_2 = \left(\frac{2n_1}{n_2 + n_1}\right) E_1 \tag{20}$$

を得る．ここで，$n_2 > n_1$ならば，(13)式より$E'_1 > 0$となり図5に一致するが，もし$n_2 < n_1$ならば，$E'_1 < 0$となるから，そのときは図6のようなベクトル関係に変わる．

すなわち，平面偏光が屈折率のより大きい媒質に入射するとき，反射光の電場ベクトルが境界面で逆転し，逆に，屈折率のより小さい物質に入射するときは磁場ベクトルが逆転することを意味している．

垂直入射の場合の光の反射率Rおよび透過率Tは，ポインティングベクトルの比で表されるから，

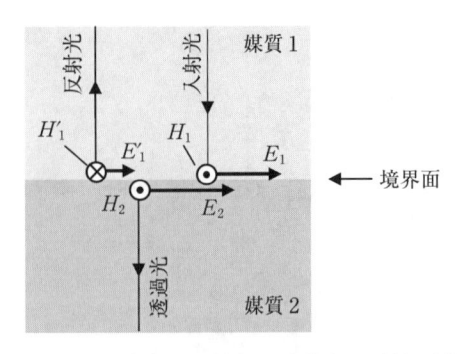

図 6 界面に垂直に入射する電磁波の反射・透過のベクトル関係 ($n_2 < n_1$)

$$R = \left(\frac{E_1'}{E_1}\right)^2 = \left(\frac{n_2 - n_1}{n_2 + n_1}\right)^2 \tag{21}$$

$$T = \frac{n_2}{n_1}\left(\frac{E_2}{E_1}\right)^2 = \frac{4 n_2 n_1}{(n_2 + n_1)^2} \tag{22}$$

となる．

境界面に角度 θ で入射する直線偏光

次に，図 7(a) に示すように，入射光が媒質 1 側から媒質 2 に向かって法線から角度 θ で斜めに入射する場合を考える．このとき，入射光と反射光，屈折光を含む面を入射平面と呼び，この平面は界面と垂直に交わる．入射の様子は，入射光の電場ベクトルが界面に平行で，磁場ベクトルが入射平面内にある場合と，入射光の電場ベクトルが入射平面内にあり，磁場ベクトルが界面に平行である場合の 2 つに分けられる．いま，電場ベクトル $\boldsymbol{E}$ が界面の x 軸に平行であると，図 7(b) の状態が考えられる．この図から

$$E_1 - E_1' = E_2 \tag{23a}$$
$$H_1 \cos\theta + H_1' \cos\theta = H_2 \cos\phi \tag{23b}$$
$$\mu_1 H_1 \sin\theta - \mu_1 H_1' \sin\theta = H_2 \sin\phi \tag{23c}$$

が得られる．

9 偏　光

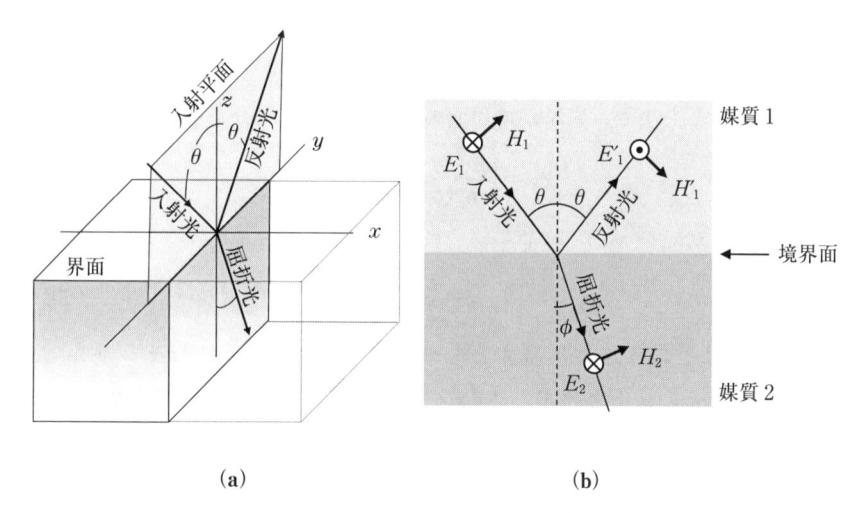

(a)　　　　　　　　　　　(b)

図7　入射平面内における入射光・反射光・屈折光
(a)界面と入射平面の関係，(b)電磁波の E と H ベクトルの成分

$$H_1 = \frac{n_1 E_1}{c}, \quad H_1' = \frac{n_1 E_1'}{c}, \quad H_2 = \frac{n_2 E_2}{c} \tag{24}$$

であるから，(24)式を(23a)式に代入すると $H_1 - H_1' = \frac{n_1}{n_2} H_2$ が導かれ，さらに

$$\frac{v_1}{v_2} = \frac{n_2}{n_1} = \frac{\sin\theta}{\sin\phi} \tag{25}$$

の関係（スネル(Snell)の法則）より

$$H_1 - H_1' = \frac{\sin\phi}{\sin\theta} H_2 \tag{26}$$

が得られる．(23b)式と(26)式より

$$\frac{H_1'}{H_1} = \frac{\sin(\theta-\phi)}{\sin(\theta+\phi)} \tag{27}$$

が導かれる．このとき得られる反射率は磁場の振動面が境界面に垂直であるから $R_\perp$ と表せば

$$R_\perp = \frac{\sin^2(\theta-\phi)}{\sin^2(\theta+\phi)} \tag{28}$$

となる．同様な方法で，磁場が境界面の x 軸に平行な場合を解くと

$$R_\parallel = \frac{\tan^2(\theta-\phi)}{\tan^2(\theta+\phi)} \tag{29}$$

を得る．(28)式で

$$\theta + \phi = \frac{\pi}{2} \tag{30}$$

となるときはその分母は無限大となり，$R_\parallel = 0$ となる．これをブリュースター(Brewster)の法則と呼ぶ．さらに，(30)式を(25)式に代入すると

$$\tan\theta_B = \frac{n_2}{n_1} \tag{31}$$

を得る．θ_B をブリュースター角と呼ぶ．

2. 実　験

|実験課題|

（1）　直線偏光である半導体レーザー光を，光軸に直角に置かれた偏光板の回転角に対する強度として計測し，マリューの法則を検証しなさい．

（2）　1/4波長板により，直線偏光から楕円偏光（円偏光）に変換されることを(1)と同様に計測し，確認しなさい．

（3）　1/4波長板の前方に偏光板を配置し，偏光板の回転により得られる垂直偏光成分，水平偏光成分をガラス板（裏面すりガラス）に入射し，入射角とそれぞれの反射率 $R_\perp$，$R_\parallel$ の関係を調べなさい．

（4）　ガラスのブリュースター角を検出しなさい．

（5）　2で得られた楕円偏光を，半円形状に切り出した合成樹脂板の側面に入射させると，樹脂板内での屈折光の様子が観察できる．入射面の法線から入射角と屈折角との関係を数か所で測定し樹脂板の屈折率を求めなさい．さらに，屈折率から予想される角度 θ_B のあたりで反射光の強度が急激に弱まることを確認し，その位置で(30)式の関係が満たされることを観察しなさい．

9 偏　　光　159

実験装置と実験手順

実 験 方 法

図8に装置の配置と各部の名称を示す．光源のレーザー光の電源は測定時のみONにするように心がけること．また装置は光源が実験者に向かないように配置しているので，できる限り大きな向きの変更をしないこと．

実験を始める前に，回転ハンドルを回し，回転角度を0°に合わせる．次に

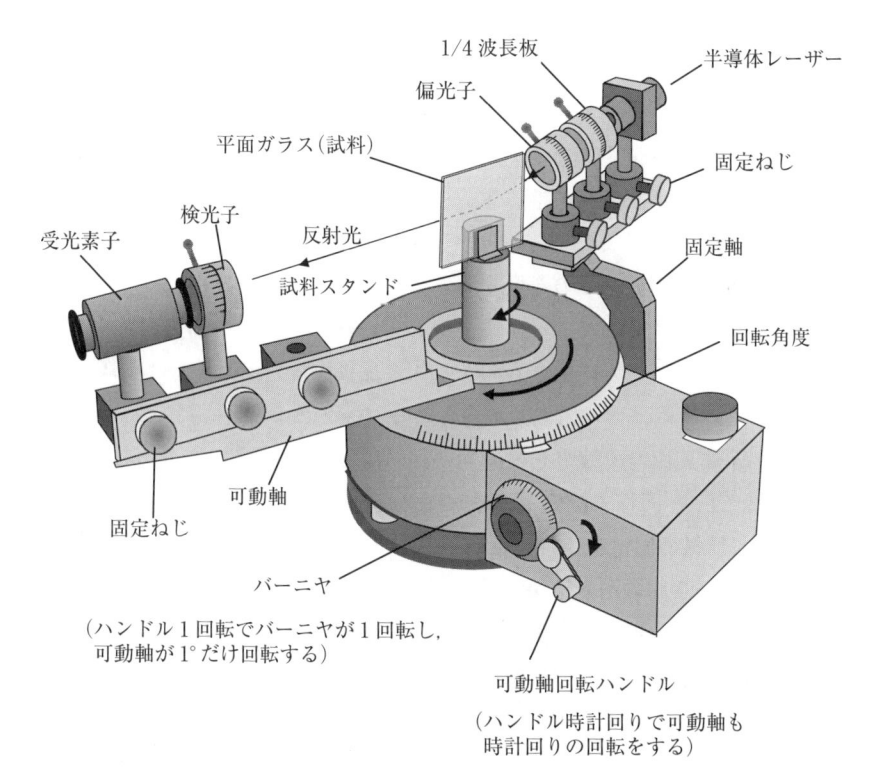

図8 ゴニオメータの構造と部品の名称

ゴニオメータの回転ハンドルを回すと，回した回数に応じて中央の試料（ガラス）が回転し，固定軸側から入射する光を回転角の2倍の角度で反射する．その反射光を常時受けるため可動軸は試料の回転角の2倍回転する構造になっている

試料スタンドの試料面にガラス板を挿入する（図8参照）．半導体レーザー，光学ガラスの平面，受光素子が一直線に並んでいることを確認する．ガラス面が光軸の直線から傾いているときは担当者に相談をする．次に回転角度を90°にし，ガラス面にレーザー光を入射させたとき，反射光が受光素子に届いていることを確かめる．このときの入射角は45°に相当する．以上の確認をしたら，再度，回転角度を0°に合わせる．

測　　定
マリューの法則の検証
（1）ゴニオメータから1/4波長板，偏光子，試料を外し，半導体レーザーの強度と検光子の回転角の関係を調べなさい．検光子の回転角10°ごとに強度を測定し，360°まで測定しなさい．
（2）この測定より光源の半導体レーザーの直線偏光面の傾き角を求めなさい．

直線編光から楕円偏光への変換
（1）図8にしたがって，1/4波長板を半導体レーザーの前方に配置する．このとき，レーザーの直線編光方向が1/4波長板の常光線軸または異常光線軸に対し45°に近ければほぼ円偏光が得られる（図2および解説）．
（2）1/4波長板の主軸を直線偏光方向に対しほぼ45°に設定し，透過光の強度分布を（1）と同様に測定し，次にその前後の角度，すなわち44°および46°に設定し同様の測定を行いなさい．
（3）上記の3回の測定結果を円形グラフに表し，3つの分布を調べ，その中から円偏光に一番近くなる1/4波長板の角度を決定しなさい．

垂直偏光および水平偏光の反射率の入射角依存
（1）ゴニオメータの回転角度を0°に戻し，試料（平面ガラス，すりガラスの面を裏側にする）を試料スタンドに挿入する．
（2）1/4波長板の前方に偏光子を配置する（図8参照）．偏光子の回転により1/4波長板によって楕円偏光（ほぼ円偏光）に変換された透過光から垂直偏光成分と水平偏光成分を選択できる．

9 偏　　光　**161**

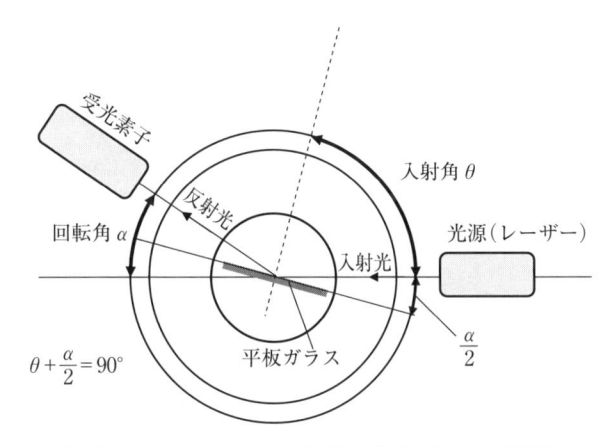

図 9　ゴニオメータの回転角 α と入射角 θ の関係

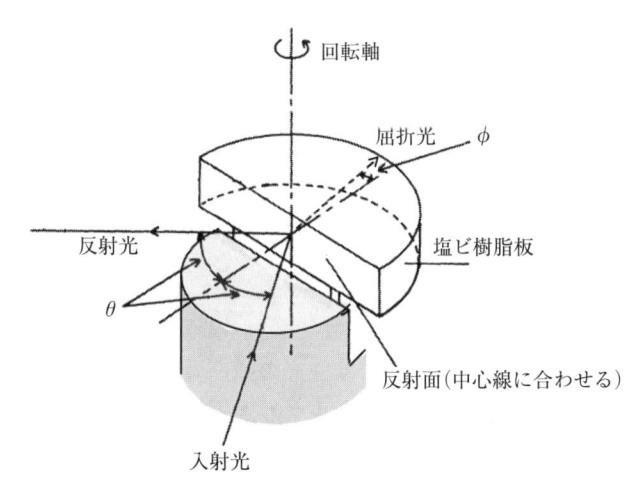

図 10　半円形の塩ビ樹脂板で起きる光の反射・屈折

（3）　レーザー光がガラスの光学面を照らすように進み，受光素子に達していることを確認する．次に偏光子で垂直偏光成分を選択し，ゴニオメータの回転角度 (α) 10°刻みに対する反射光の強度を測定しなさい．
（4）　同様にして水平偏光についても反射光の強度を測定しなさい．

（5） ゴニオメータの回転角 α とガラス面への入射角 θ の関係を図9に示す．計測終了後，次式を用いて回転角 α から入射角 θ に変換をする．

$$\theta = 90° - \frac{\alpha}{2} \tag{32}$$

ブリュースターの法則の検証

（1） 入射角（ゴニオメータの回転角度）をガラスのブリュースター角に設定する．

（2） ガラス試料を外し，準備されている半円形の透明塩ビ樹脂板を図10のように配置する．

（3） レーザーを塩ビ樹脂板の側面に照射し，ブリュースター角における反射角 θ，屈折角 ϕ を調べる．ただし，ガラスと塩ビ樹脂では屈折率が異なるが，その差はブリュースター角で ±1° 以内と予想される．受光素子で反射強度を見ながら，静かにゴニオメータの回転角度を調整する．

（4） ブリュースター角が決まったら，偏光子を外し，もとの楕円偏光の状態で入射角 θ，屈折角 ϕ を求めなさい．さらに，ブリュースター角のとき，塩ビ板から反射されている光の偏光方向を検光子で調べなさい．

3. 解析と考察

マリューの法則を検証

（1） 測定によって得られたレーザー光の強度の最も大きな値 I_{max} で全体を規格し，検光子の回転角度 ϕ に対する光の強度比（$(I_\phi / I_{max}) \times 100$）に整理しなさい．

（2） 結果を円形グラフにプロットして，光源が直線偏光であることを確認し，直線偏光の方向を検光子の回転角で表しなさい．

直線偏光から楕円偏光への変換

（1） 直線編光の方向に対する1/4波長板の角度44°，45°，46° に設定したときの透過光の強度を(1)の解析と同様に整理し，円形グラフにプロットする．

（2） 上記グラフより円偏光に近づく1/4波長板の回転角度があることを確認し，その角度を決定しなさい．

垂直偏光および水平偏光の反射率の入射角依存

（1） 垂直偏光，水平偏光それぞれの反射光強度を（1）と同様にして光の強度比に整理し，反射率 $R_\perp$, $R_{//}$ とする．

（2） ゴニオメータの回転角度 α から(32)式に従って入射角 θ に変換し，$R_\perp$ と θ, $R_{//}$ と θ の関係として図示しなさい．比較のため2つのデータは同一グラフ上にプロットすること（図11参照）．

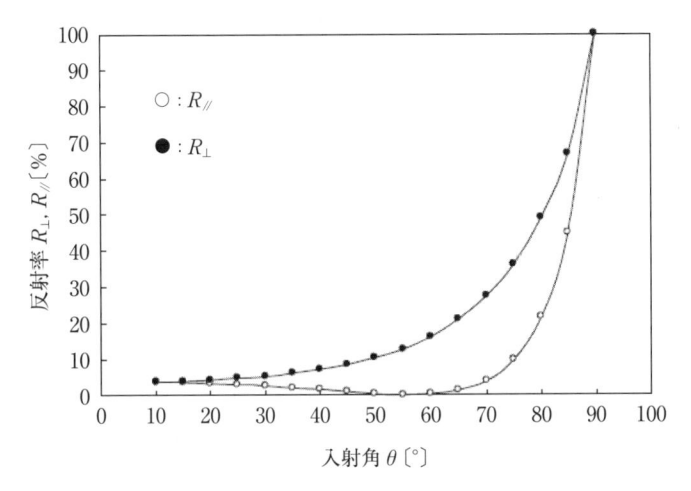

図11 入射角 θ に対する反射率 $R_\perp$, $R_{//}$ の関係

（3） $R_{//}$ が最小となる角度を求め，ブリュースター角 θ_B を決定しなさい（図9参照）．もし最小の位置が決定しにくい場合は $(R_\perp/R_{//})$ を θ の関数として，たとえば50°～60°の範囲を細かく測定し，図12を作成して決定しなさい．

ブリュースターの法則の検証

図10に示すように半円形塩ビ板を試料スタンドに配置する．入射角をブリュースター角としたときの屈折角 ϕ を，塩ビ板に刻んでいる角度目盛で読

164 物理学実験―応用編―

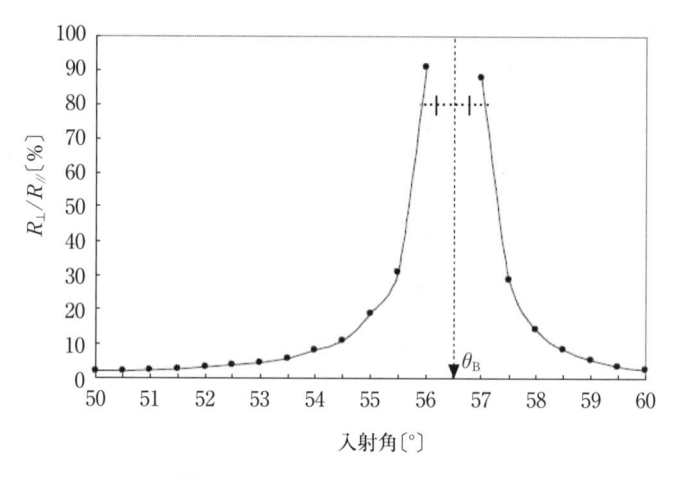

図 12 ブリュースター角の決定

み取り，(30)式が成り立つことを検証しなさい．

10 固体レーザー

> **目的**
> 半導体レーザーを用いた光励起により，小型で簡単な固体レーザーを発振させ，レーザーの発振原理および光特性を理解する．
> 〈注意〉出力が小さくても，レーザーを直接眼に照射すれば失明の危険がある．また赤外光は眼に見えないためより危険である．決してレーザーの出射口を覗いたり，レーザーを人に向けたりしてはならない．

1. 解　説

　レーザー（laser）とは"誘導放出による光の増幅"の英語表記（light amplification by stimulated emission of radiation）を省略した造語である．理論的にはアインシュタイン（A. Einstain : 1879～1955）の光の誘導放出理論（1916）まで遡るが，タウンズ（C. Townes : 1915～）のマイクロ波による誘導放出（maser : microwave amplification by stimulated emission of radiation）の着想から発展した．レーザーの名付け親はグールド（G. Gould : 1920～2005）であるが，最初のレーザー発振はタウンズでもグールドでもなく，まだ若いメイマン（T. Maiman : 1927～2007）によってなされた．彼によるルビーレーザーは，その赤い色と共にさまざまな可能性（とくに"殺人光線"）を人々に印象づけ，記憶に残ることになった．その後の数年の間に，半導体レーザー（LD : Laser Diode）を始め，Q-sw，波長変換，モードロックなどの原理が確認され，製作における低コストと高効率な材料開発が待たれていた．1980年代後半になり，半導体レーザーの発展とともにレーザー結晶などの開発も進み，高効率でコンパクトな半導体レーザー励起固体レーザーが急速に進歩した．現在では，光通

信による技術革新もあり，ファイバーレーザー，セラミックレーザーといったものも実用化している．

レーザーの特徴は，指向性，大きなエネルギー密度，可干渉性，単色性などで，時間的空間的にコヒーレント（可干渉）であることである．遠くまで広がらずに届き，レンズで簡単に集光でき，数メートルの行路差でも干渉縞が得られる．この特徴のため，実用化にはしばらく時間がかかったものの，今や医療，加工，分析，情報，光通信など幅広い分野で応用され，我々の生活と広く深い関わりを持っている．とくに半導体レーザーは，CD，DVD，Blu-rayと身近な電子デバイスに搭載されており，現在ではなくてはならない電子（光学）部品の1つになっている．

本実験コースでは，最近レーザーポインターとして使われることが多いグリーンレーザーを用いる．これはLDを別にすれば，もっとも身近で扱える固体レーザー光源である．

発振原理

レーザー発振のための必要条件は，レーザー媒質，励起手段，増幅手段である．たとえば図1に示すように，何らかの励起手段（放電，ランプ光，など）によりレーザー媒質中の原子（またはイオン，分子，電子）に反転分布（上準位の原子数 > 下準位の原子数）が起き，これにより入射光が増幅され，さら

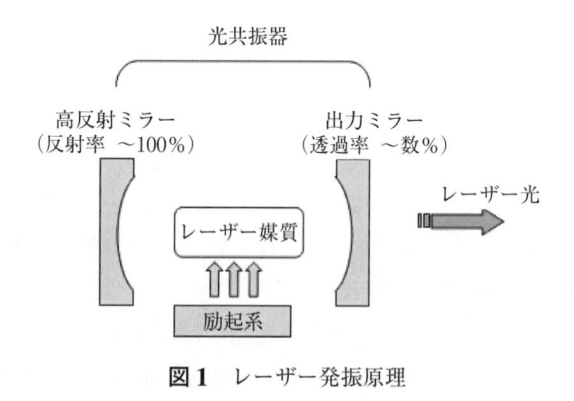

図1 レーザー発振原理

に増幅された光を反射鏡でフィードバックすることで光の強さはさらに大きくなり，やがて発振する．この反射鏡で光を閉じ込め，増幅とフィードバックを行う装置を共振器といい，一種の光干渉計である．活性イオンによる蛍光線と共振器の波長特性から発振波長が選択される．

（1） 光 の 放 出

原子が外部からエネルギーを得て内部エネルギーが基底状態（基底準位 E_1）から高くなった状態を励起状態（励起準位 E_2）という．この状態間の遷移で起こるランダムな光の放出（エネルギー $E=E_2-E_1$）を自然放出と呼ぶ．この場合，光の周波数（$f=E/h$：h はプランク定数）は同じでも，位相はランダムである．

（2） 誘導放出・吸収

励起状態の原子に自然放出光が作用すると，入射光と同じ周波数，位相の光が放出される（誘導放出光）．逆に基底状態の原子が自然放出光を吸収することで励起状態に遷移する．この吸収と放出の割合は，基底状態と励起状態の原子数の相対的な割合による．熱平衡状態（温度 T）にある原子の下準位と上準位の原子数，N_1, N_2 はボルツマン分布に従う．

$$\frac{N_2}{N_1}=\exp\left[-\frac{(E_2-E_1)}{kT}\right] \quad (k；ボルツマン定数) \qquad (1)$$

通常，$E_1<E_2$ であるから $N_1>N_2$ である．ここで，もし $N_1<N_2$ とできれば，誘導吸収より誘導放出の割合が多くなり，光の増幅が起こる．この状態を反転分布状態といい，負の温度状態ともいう．レーザー発振を継続していく上では必須の条件である（図2）．

（3） 光 共 振 器

光の増幅だけではレーザー発振は起こらない．一対のミラー（光共振器）の間で誘導放出光を反転分布状態のレーザー媒質内に戻すことを繰り返す必要がある．2枚の平行平面鏡からなるファブリ-ペロー(Fabry-Perot)型や，共焦点型，リング共振器などが代表的なものである．光の増幅が，ミラーの回折，吸収，散乱，透過による損失を上回れば，レーザー発振状態に至る．このため，

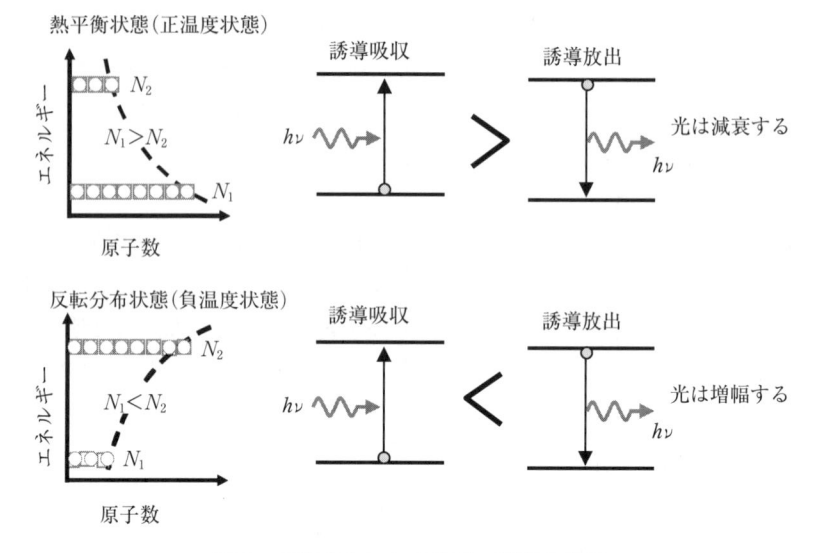

図2 反転分布における光の吸収と放出

光共振器はレーザー特性に大きな影響を及ぼす．一般に共振器のミラーは反射率が高く，吸収の少ない誘電体多層膜を用いる．利得係数 α（単位長さ当たりの光強度の増加率）長さ L のレーザー媒質の発振条件は，ミラーの反射率を R とすると，

$$\alpha L \geq 1-R \tag{2}$$

で与えられる．ただし共振器損失は主に光の透過率（$1-R$）で決まるとした（片側のミラー反射率は1とした）．

熱平衡状態では反転分布は起きないから，反転分布を達成し損失を上回る利得を得てレーザー発振を起こすには，ある値以上の励起パワーが必要になる．これがレーザー発振閾値であり，レーザー発振の特徴でもある．

（4）発振モード

レーザー光を蛍光板やスクリーンに照射すると，特定な形状，強度分布（横モードパターン）を見ることができる．波長に比べ十分広く一様な断面の媒質中を進む電磁波を TEM 波（Transverse Electro Magnetic Wave）という．断

面強度分布がガウシアン型の場合，これを基本モード（単一横モード）と呼び TEM$_{00}$とかガウスビームと表す．光軸からの距離を x，ビーム半径を ω（出力強度の $1/e^2$）とすると，断面強度 $I(x)$ は次式で表される．

$$I(x) = I_0 e^{-\frac{2x^2}{\omega^2}} \tag{3}$$

ただし中心強度を I_0 とする（光強度は電界強度（ガウス分布）の二乗で表されるため）．また，ガウスビームは伝播するに従い，最も細い部分（半径 ω_0：ビームウエスト）から徐々に広がっていく．ビーム半径 ω は広がり角 θ，ビームウエスト位置からの距離 Z（光軸に沿って進行方向に）により，次式で表される．

$$\omega = \omega_0 \sqrt{1 + \left(\frac{\theta Z}{\omega_0}\right)^2} = \sqrt{\omega_0^2 + (\theta Z)^2} \tag{4}$$

ここで，$\theta = \lambda/\pi\omega_0$ であり，十分遠方では，$\omega \sim \theta Z$ と近似される．これより，一般的に波長が短く，ビームウエストが大きいほど広がりの小さなビームであることがわかる．また集光レンズでビームを絞るには大きな広がり角が必要で，開口率の大きなレンズでないと集光できない．さらに幾何光学的な集光点はなく，最小半径としてビームウエストが与えられる．ガウスビームの特徴を図3に示す．

レーザー発振は基本モードから起こり，励起入力が大きくなるに従い複雑なモード（マルチモード）で発振する．その様子を示したのが図4である．使用方法によるが，一般的には必要な出力において光学系の設計が簡単な単一モードで発振するように，共振器の最適設計を行う．マルチ横モードの品質を示すものに M^2 因子（$M^2=1$ がガウスビーム）があり，重要なビーム仕様となっている．

一方，光共振器の軸方向の強度分布は，縦モードと呼ばれ，通常波長 λ（あるいは周波数 f）で表される．ファブリ-ペロー型（平面-平面）共振器の場合，共振器長を d，指数を m とすると，光の干渉条件から次式を得る．

$$2d = m \cdot \lambda \quad m = 1, 2, 3 \cdots \quad 自然数$$

隣り合う波長の波長間隔 $\Delta\lambda$ は，$m(\delta m = 1)$ の変分を取ることで与えられる．

170 物理学実験—応用編—

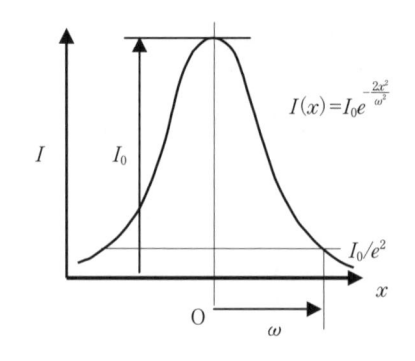

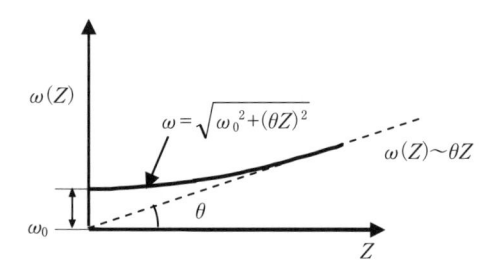

図3 ガウスビームの特徴

$$\left|\frac{\delta\lambda}{\delta m}\right| = \Delta\lambda = \frac{\lambda^2}{2d} \tag{5}$$

波長幅がレーザーの利得幅 G より小さければ，その共振器で発振できる波長は1本しかないことになる．これを単一縦モードと呼び，非常に干渉性の高い光である．

レーザーの種類

（1） Nd:YVO$_4$ レーザー

レーザーは，媒質，励起方法，増幅手段の組み合わせにより種々の名前で呼ばれている．媒体がガスであればガスレーザー (He-Ne レーザー，Ar レーザー，CO$_2$ レーザーなど)，固体なら固体レーザーという具合である．ルビー

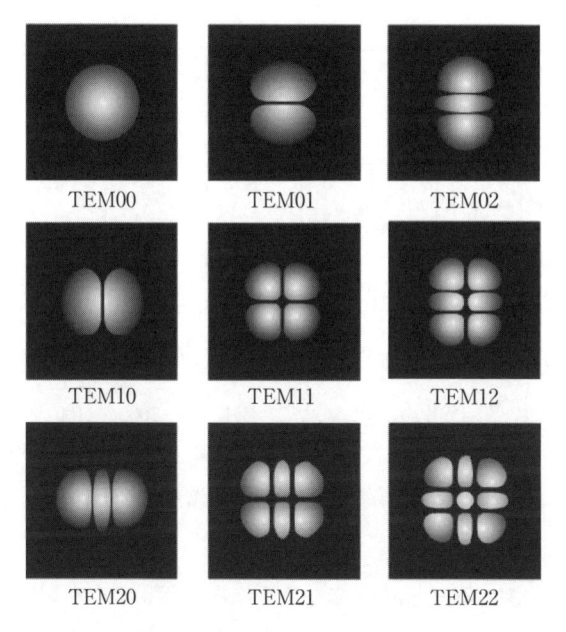

図4 各種横モードパターン

TEM は Transverse Electro Magnetic Wave を表し，一般的に共振器モードを記述する表現で，断面強度分布を指数 (m, n) で表す．m, n は直交2軸方向の成分を表す

レーザーは，レーザー媒質に活性イオン Cr^{3+} 含むルビー結晶を使い，Cr^{3+} の蛍光線（694 nm）を用いたものである．最も一般的な固体レーザー媒質は，Nd イオンを 1～3% ドープした YVO_4（Nd：YVO_4）や，同じ Nd イオンを用いる YAG 結晶（Nd：YAG）である．

Nd：YVO_4 レーザーの吸収スペクトルと発光スペクトルを図5に示す．809 nm 近傍に大きな吸収があることがわかる．この吸収線に合わせた波長で半導体レーザーを照射すれば，効率的な吸収が行われ，Nd：YVO_4 は励起される．最も強い発光線は1064 nm であり，共振器ミラーの反射特性をこの波長に合わせれば，1064 nm の波長で発振する．1064 nm 発振は，図6に示すように4

172 物理学実験―応用編―

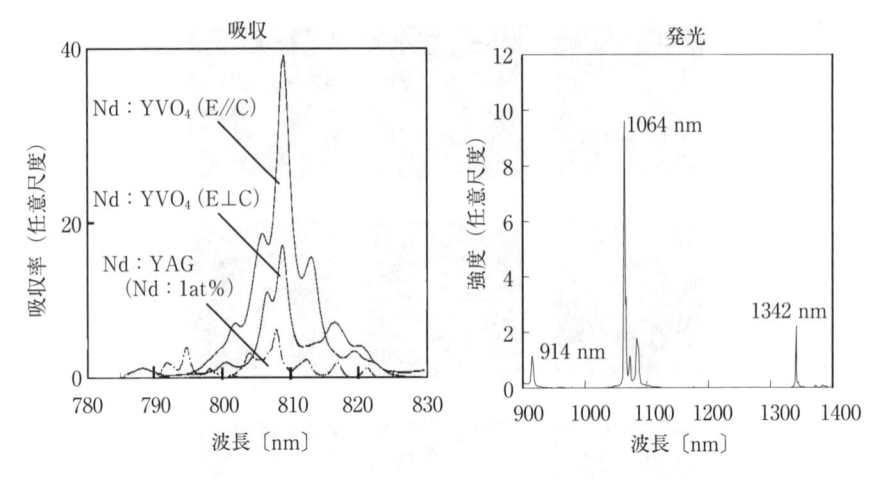

図5 Nd:YVO₄ の吸収・発光スペクトル

準位モデルで表される．基底準位（E_0）にある Nd^{3+} イオンは，LD（波長：808 nm）の光を吸収して吸収帯（E_3）まで励起される．この後非発光遷移によりレーザー上準位（E_2）まで緩和する．上準位（E_2）と下準位（E_1）の間で発光（蛍光）が起こる（レーザー遷移）．下準位からは熱緩和により基底準位に戻る．励起強度が十分大きければ反転分布が形成され，光のフィードバックがあればレーザー発振を開始する．最も大きな発振強度は 1064 nm であるが，他の発振線（1319 nm など）もある．これらは反射特性を変えることで発振波長を選択できる．

（2） 半導体レーザー励起固体レーザー

本実験では，最近非常に発展してきた半導体レーザー（LD）を用いてレーザー結晶（Nd:YVO₄）を励起する半導体レーザー励起固体（DPSS：Diode Pumped Solid-State）レーザーを用いる．発振波長をレーザー結晶の吸収帯に合わせた半導体レーザーで励起するため，小型で効率的なレーザー発振が得られる．概略を図7に示す．半導体レーザー光を直接またはレンズで集光しレーザー結晶を励起する．結晶端面には励起光に対し高透過（>90%），発振波長に対し高反射（>99%）となる誘電体多層膜がコートされている．さらに発振

波長に対し高反射率（～98%）の凹面ミラーで平面-凹面（Plano-Concave）共振器を構成している．結晶のもう一方の結晶端面には発振波長に対し高透過となる誘電体多層膜が施され，反射損失を抑えている．最近では結晶の両端面にそれぞれ誘電体多層膜をコートすることで，平面-平面（Fabry-Perot型）共振器を形成したマイクロチップレーザーが市販されている．

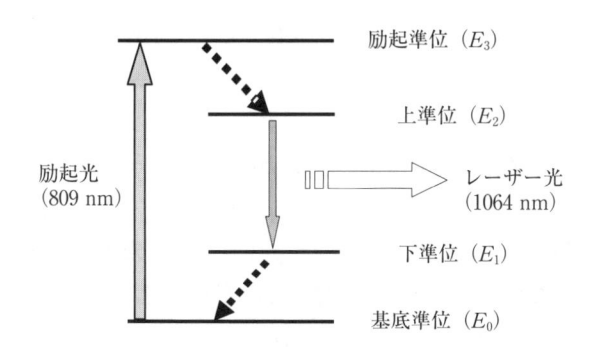

図6 Nd:YVO$_4$ レーザーのエネルギー準位図（4準位モデル）

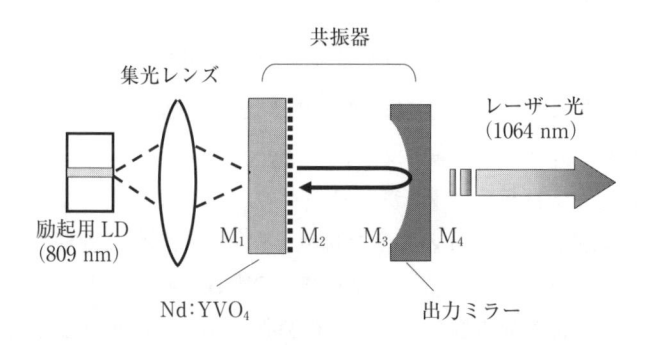

図7 半導体レーザー励起固体レーザーの概略図
M$_1$: $R>$99.9%@1064 nm　　　M$_3$: $R>$98%@1064 nm
　　$R<$5%@809 nm　　　　　　M$_4$: $R<$0.5%@1064 nm
M$_2$: $R<$0.5%@1064 nm　　　（ここでRは反射率を示す）

（3） 連続出力とパルス出力

レーザー光の出力形態には，連続波（CW：Continuous Wave）とパルス出力を繰り返す擬似CW（QCW：quasi CW）とがある．前者はある波長の光波が時間的に位相の揃った連続な出力である．一方パルス出力は，大きな共振器損失状態で反転分布を形成し，損失を急激に解除（Q-switchという：Q値は共振のしやすさを表す）することでns（10^{-9} s）レベルの非常に短いパルス光を得る．極短時間でのエネルギーの解放は，kW，MWという高ピーク出力を可能にする．

（4） 波長変換

典型的な非線形光学材料（LiNbO$_3$，BBO（BaB$_2$O$_4$），KTP（KTiOPO$_4$），etc）を使い入射レーザー光の波長を変換することができる．パワー密度の高い光が物質と相互作用（屈折，反射，吸収…）する場合，線形応答だけでなく非線形応答が無視できない大きさになる．物質との相互作用により誘起される分極 P は，光電場 E の関数として次式で示される．

$$P = \chi^{(1)}E + \chi^{(2)}E^2 + \chi^{(3)}E^3 + \cdots + \chi^{(n)}E^n \tag{6}$$

ここで，$\chi^{(n)}$ は n 次の電気感受率である．電場を $E = E_0 \cos(\omega t)$（入力波の周波数を ω，位相項は無視）とすると2次の分極成分 $P^{(2)}$ は，

$$P^{(2)} = \chi^{(2)} E_0^2 \cos^2(\omega t) = \frac{1}{2}\chi^{(2)} E^2 \cos(2\omega t) \tag{7}$$

と表される．これより入力光（基本波）の2倍の周波数（波長は半分）の分極波が得られる．これを第2高調波（SHG：Second Harmonic Generation）という．等方的な光学材料では $\chi^{(2)}$ がゼロのため，SHGは発生しない．効率的にSHGを得るため，非線形性の大きな材料を使い，位相整合条件で結晶を配置（入射角度，温度の調整）する，パワー密度の大きいQ-sw（switch）パルスを使う，共振器内部の光電場を使うなどの方法がある．詳細は参考文献に譲るが，SHGもコヒーレントな光であり，レーザー光として扱う．本コースでは，基本波（赤外光：1064 nm）とそのSHG（可視光：532 nm）を使って，レーザー特性を調べる．

2. 実 験

実験課題

（1） レーザー発振（赤外光）の確認
（2） 発振波長の測定
（3） ビームプロファイルの測定
（4） 赤外光から可視光（緑色）への波長変換

　本実験では，赤外光を扱った実験を行ってから第2高調波（SHG）の実験を行うことにしているが，実験時間が足りない場合は，以下に述べる（1）のレーザー発振の確認実験の後に，（4）SHGを先に行ってもよい．

　本実験では発振光がレーザーであることおよび赤外光でもあるので，保護めがねをかけて十分注意して実験を行うこと．とくに，遊尺顕微鏡の目盛を読み取るときは遮光することを心がけなさい．章末に「補1 レーザーの安全基準」を載せた．実験前に必ず一読すること．

実験装置と実験手順

（1） レーザー発振（赤外光）の確認

　ここでは，レーザーの入出力特性を求める．図8にレーザー発振装置（分光系および計測系）の配置を示す．ただし，発振実験では回折格子は外しておく．電源，LD，光ファイバー，パワーメータ（またはデジタルマルチメータ），固体レーザーなどが正しく接続されていることを確認した後，下記手順に従い実験を行う．なお，LD電流と光ファイバーからの出力の関係は，備え付けの図から読み取ること．光ファイバーの端面は汚れに敏感で損傷しやすい．使用していないときは必ずキャップをしておくこと．

　① LD電源のスイッチを入れ，電流つまみを回してLD出力を調整する．
　　・光ファイバーが固体レーザーのホルダーに固定されていること．
　　・電流つまみを回しても電流が流れないときは，つまみを戻してリセットボタンを押す（電流リミットを越えると自動的にオフとなる）．
　② 固体レーザーが発振していることを，蛍光板で確認する（$I \sim 500$ mA）．

176 物理学実験—応用編—

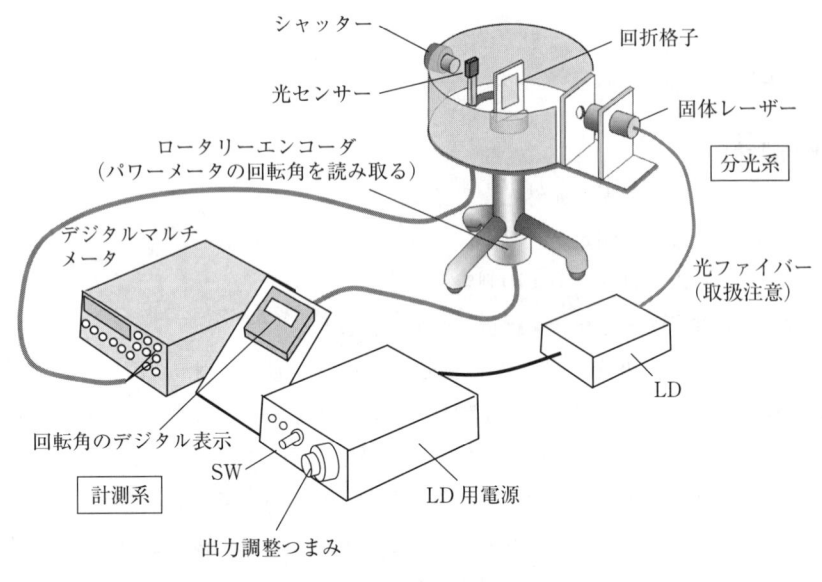

図8 レーザー発振用実験装置の配置の概要

- レーザーの光軸上に蛍光板を当て，発光を確認する．
- さらにレーザー光がパワーメータのセンサー部に当たっていることを確認する．

③ LD の電流に対しレーザー出力を測定する．

- LD 電流を一定量ずつ（$\Delta \sim 20$ mA）増加させながら，光の強度を備えつけのデジタルパワーメータで計測し，図にまとめる．
- LD の電流値が 600 mA か，パワーメータの値が 10 mW を超えたら終了し電流を最小値まで下げる．

（2） 発振波長の測定

実験装置に回折格子（ブレーズ型透過回折格子＠格子定数 $d=300$ 本/mm）を装着し，パワーメータのセンサー部をスリットのついたカバーで覆う．回折格子による回折角度の測定から発振波長を求める．

① 固体レーザーの光軸に回折格子面が直角に向き，さらにその延長線上にセ

ンサー部スリットがあることを目測しながら前準備をする（光源→分光器の中心→検出器スリットが一直線上に並ぶように）．回折格子が回転の中心となるように，回折格子ホルダーの表裏に注意すること．
- LD電流を400 mA程度に設定しレーザーの発振を回折格子と固体レーザーの間に蛍光板を入れて確認する．
- 主ビーム（ゼロ次）がスリットを通りセンサーに入射することをスリット直前に蛍光板で確認する．
- ロータリーエンコーダの現在の値を記録した後，センサーをわずかに右に回転させ，次にパワーメータの表示を見ながらセンサーが最大値を示すところで回転を止める．このときエンコーダの示す数値が先の値と大きく異なっていない場合には光軸は調整されたとみてよい．
- ロータリーエンコーダの読みをリセットし，角度をゼロとする．

② パワーメータのセンサーを回転し，レーザー光の回折角を測定する．
- 中心から最も離れた高次のスポット近傍までセンサーを回転する．
- 一定角度（1〜2度）ずつセンサー部を動かし，回転角と出力を測定する．このときセンサーはいつも一定方向に回転すること．
- ピーク（回折スポット）近傍では，さらに回転角のステップを細かくし（〜0.2度），測定点数を増やし，出力変化を詳細に測定すること．このためにはあらかじめ，大まかにセンサーを回転させ，どの位置にピークが現れるか知っておくと本計測実験がやりやすい．

〈注意〉
　本実験ではブレーズ型透過回折格子を用いているため，回折光の強度分布は±次数で非対称になる．

（3）ビームプロファイルの測定
　発振しているレーザービームの断面強度分布を求める．図8の配置図に遊尺顕微鏡が加わる．図9に分光系と遊尺顕微鏡との位置関係を示す．分光器からスリット付きのパワーメータを外し，遊尺顕微鏡に付け替える．次に回折格子と分光器のシャッター（図8参照）を外し，図9のように光軸調整する．
　① レーザー出射端とセンサーを0.5 mほど離し，ビーム断面の強度分布を

測定する．
・LD 電流を 400 mA ほどにセットし，レーザーを発振させる．
・センサー位置をレーザー出射端から 0.5 m の位置まで遠ざけ，水平位置を調整つまみを回転させて，センサーの位置を光軸からビーム径の 1～2 倍程移動し，センサーを一定間隔（～0.1 mm）移動しながら，そのつど出力を測定する．あらかじめピーク位置を調べ，その近傍では細かく測定するとよい．
・ビームを横断し，出力がノイズレベルに下がったら終了する．
② レーザー出射端とセンサー間隔を 1.5 m ほど離し，（1）の操作を繰り返す．

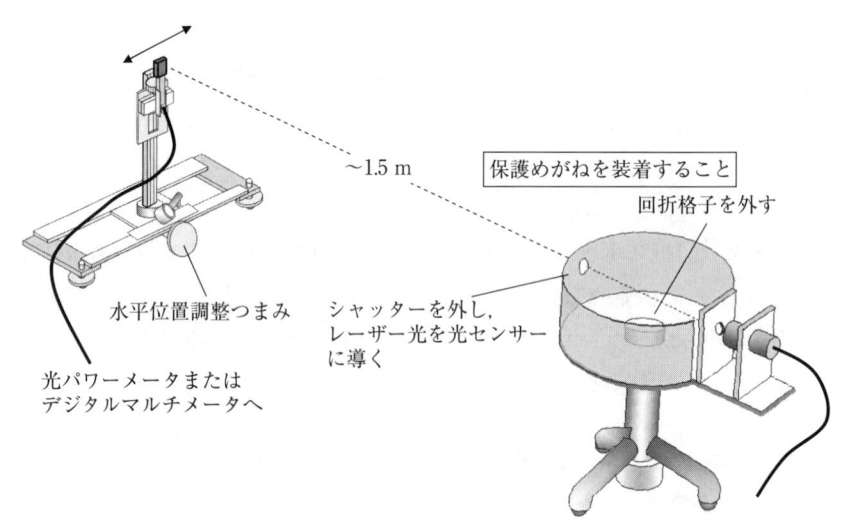

図 9　ビームプロファイルの測定配置図

（4） 赤外光から可視光（緑色）への波長変換

波長変換（SHG）により赤外光を可視化し，赤外光と同様な測定（1～3）を行う．図 10 に示すように，固体レーザーのホルダーに SHG ホルダーとフィルター（赤外カット）を装着する（図 10 参照）．内部共振器型（Intra-

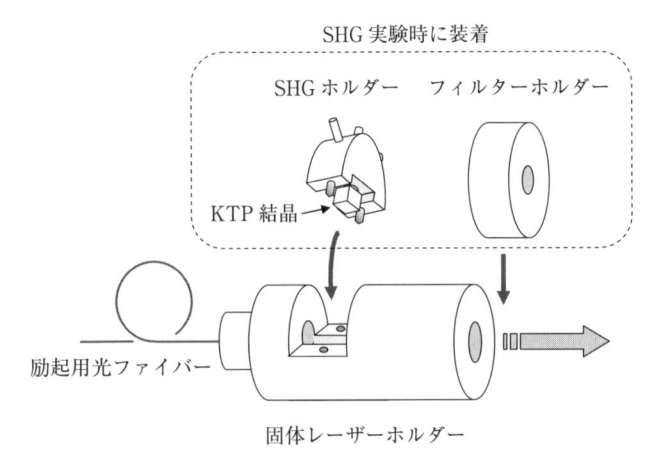

図 10　SHG レーザーの構成

cavity）SHG である．

①入出力特性
（1）と同様，電流 600 mA または出力 5 mW を超えたら終了．

②波長測定
・LD 電流を 400～500 mA の範囲で調整し，出力が安定しているところを選ぶ．（2）と同様，回折角を求める．

③ビームプロファイル測定
・（3）と同様に実験系を整え，出力が安定している電流値で実験する．

3.　解析と考察

入出力特性

　一般的にレーザーが発振するには，励起によるレーザー活性物質の利得が共振器内部の損失を上回ることが必要である．共振器内の利得係数を g，両側のミラー反射率を R_1, R_2，共振器長 L，共振器内の損失を α とすれば，発振条件は次式で与えられる．

$$2gL > 2\alpha L - \ln(R_1 \cdot R_2) \tag{8}$$

左辺は共振器内の往復利得であり右辺は損失を表している．通常片側のミラー反射率はほぼ100%にする．利得が増大し損失と等しくなるときの励起入力が発振"しきい値"（P_{th}）であり，吸収，散乱，回折損失，出力鏡反射率などに依存する．以後励起入力（P_i）増加に伴いレーザー出力（P）は直線的に増加する．

$$P = \eta(P_i - P_{th}) \tag{9}$$

比例係数 η は，励起効率，量子効率，吸収効率，モードマッチングなどに依存する．LDは利得を電流で得るため，上式の P_i, P_{th} を電流 I, I_{th} で置き換えればよい．

本実験で使うLDの電流 I 出力特性（I/L 特性）は，装置に添付してある．LDは波長を809 nmに制御されており，この光出力を吸収してNd:YVO$_4$ レーザーは発振する．基本波とSHG，それぞれの入出力特性の例を図11(a), (b)に示す．共振器の出力鏡反射率は99.5%（@1064 nm）以上の物を使用している（安全と波長変換のため）．このため1064 nmの光出力は，少ない共振器損失のため小さな励起入力で発振開始する．入力に対し出力が大きい（入出力直線の傾きが大きい）とより効率的な発振といえる．しかし高出力を得るに

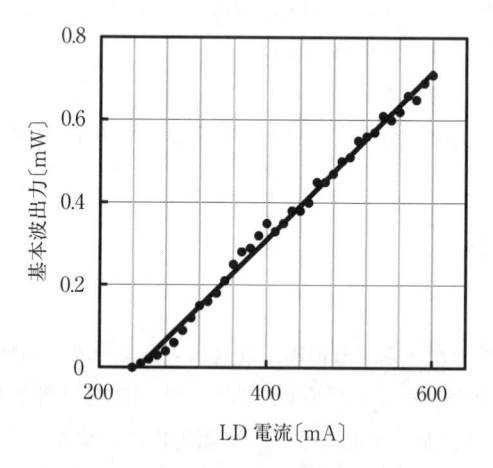

図11(a) LD電流 vs 基本波出力

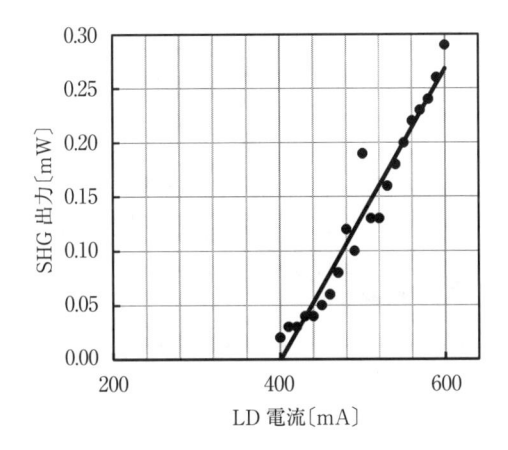

図11(b)　LD 電流 vs SHG 出力

は反射率を下げる必要があり，システムによる最適反射率がある．

　図からわかるように，基本波，SHG それぞれに"しきい値"（グラフの X 切片）が観測される．"しきい値電流"として，$I_{th}=240\,\mathrm{mA}$ @ 赤外，400 mA@SHG を得る．添付の LD 電流 I 出力特性（I/L 特性）から，"しきい値電流"を励起出力に換算しなおすと，"しきい値"として $P_{th}=6\,\mathrm{mW}$ @ 赤外，102 mW@SHG を得る（LD のしきい値電流 230 mA，直線の傾き 0.6 mW/mA とする．この値は LD ごとに違うため，装置添付の LD I/L 特性グラフを見ること）．

発振波長の決定

　レーザーの発振波長 λ は，透過型グレーティングの格子定数（$d=300$ 本/mm）と回折角 θ，回折次数 n から次式で求まる．

$$d\sin\theta = n\lambda \quad n=\pm 1,\pm 2\cdots$$

出力と回折角の関係の例を図12に示す．これより回折角を求め，次数と回折角の関係を図13に示す．赤外光については，図13の直線の傾き（$\sin\theta/n=\lambda/d$）として 0.3199 を得る．したがって発振波長 λ は

$$\lambda = 0.3199 \times d = 1066\,\mathrm{nm}$$

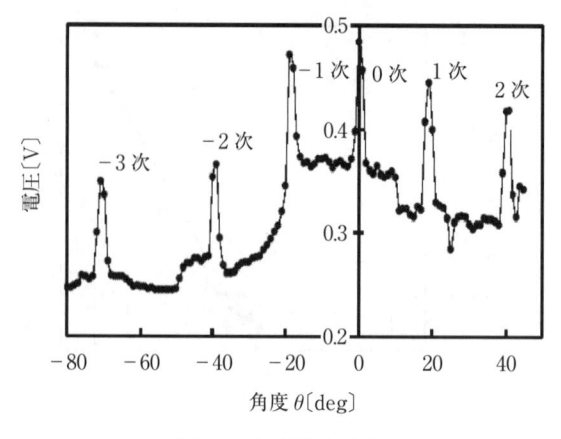

図 12 回折角と出力

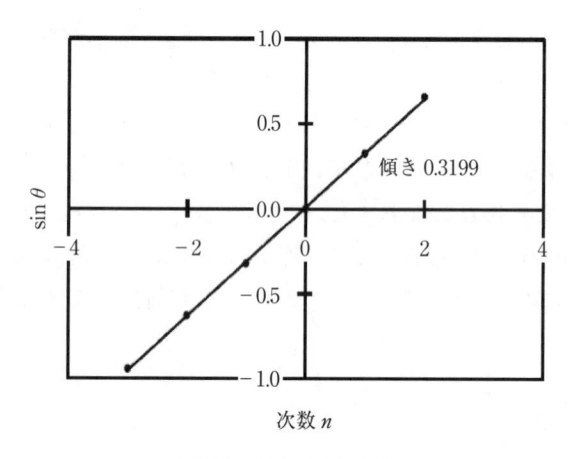

図 13 次数と $\sin(\theta)$

となる．同様に SHG の波長として $\lambda=536$ nm を得る．Nd:YVO$_4$ レーザーの発振線は 1064 nm であり，SHG は 532 nm （$=\lambda/2$）である．

ビームプロファイル

光源から $Z=0.260$ m の位置における断面強度分布（相対強度）の例を図

14 に示す．ガウス分布を仮定して片対数プロットをする．(3)式を相対強度の形に直し，両辺の自然対数を求めると

$$\ln\left(\frac{I}{I_0}\right) = -\left(\frac{2}{\omega^2}\right)x^2 \tag{10}$$

(10)式を得る．したがって，この式を図 15 のように x^2 に対して対数プロットし，得られた直線の傾きから ω を決定できる．他には，同図の縦軸の $\ln(I/I_0) = -2$ と直線との交点からも ω を求めることができる．

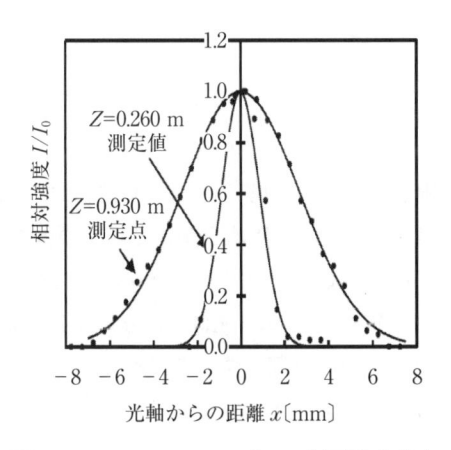

図 14 Nd：YVO₄ レーザーの断面強度分布

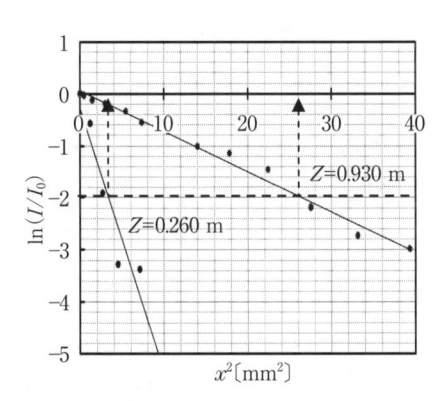

図 15 ガウスフィット強度

〈注意〉
ここではスリットの大きさによる積分効果，回折によるリップルなどは無視する．ビーム強度をCCDで直接測定する装置も市販されている．

図15のグラフ解析より $Z=0.260$ m に対してはビーム半径 $\omega \sim 1.84$ mm，$Z=0.930$ m に対しては $\omega \sim 5.10$ mm を得る．$Z \sim 1$ m は十分遠方と考えられるため，$\omega \sim \theta Z$ より広がり角 $\theta \sim 5.48$ mrad を得る．これより $\omega_0 \sim 61.8\,\mu$m となる．同様の評価を可視光（緑色）レーザーについても解析しなさい．

[設　問]
以下の課題について実験とは離れて考察してみなさい．
1) 自然放出と誘導放出の違いは何か．
2) レーザー光線が"人工の光"（自然界にない光）といわれるのはなぜか．
3) レーザー光線で月面までの距離を測定できるのはなぜか．
4) 同じ出力でも電球とレーザーで何が違うのか（電球1Wは人体への影響は極めて少ないが，1Wのレーザー光は危険なのは何故か）．
5) レーザーを使った製品（測定法）を調べ，レーザーのどの特徴を利用しているか動作原理を基に考察しなさい．

[参考文献]
1) 佐藤卓蔵：レーザー，電気書院（1997）
2) 霜田光一：レーザー物理入門，岩波書店（1994）
3) 霜田，岩澤，神谷 訳：レーザー物理，丸善（1997）
4) 多田邦雄，神谷武志 訳：光エレクトロニクスの基礎，丸善（1988）
5) 小林喬郎 編：固体レーザー，学会出版センター（1997）

補1　レーザーの安全基準

レーザー装置の安全性は，人の眼の眼底組織への被曝露光量で規定されており，レーザーの波長，出力，エネルギーから4段階（細かくは7段階）のクラスに分か

れている（表A1）．ポインターなどで許容されているクラス1は，どんなことをしても安全なレベルであり，眼の嫌悪反応により安全が守られるクラス2（可視光で5 mW以下）までが，一般的に安全と思われる範囲である．これ以上は何らかの安全装置（インターロックなど）がレーザー装置に求められる．本コースでは，励起用半導体レーザー（809 nm，出力～1 W）が最も出力が大きく危険であるが，光ファイバーを使って伝播しているため出射ビームは広がっており，ファイバー出射端面を直接覗いたりレンズで集光しなければ大きな危険はない．また，赤外（1064 nm）

表A1　レーザーのクラス分け

クラス1	レーザーパワー制限値はルーペや双眼鏡の使用をも考慮した本質的に安全なレベルである．なお，囲いなどを設けて人体への露光量がAEL以下に制限できれば，レーザー単体の出力によらずクラス1製品に分類される．
クラス1M	これは「裸眼は安全」として新設されたクラスである．露光（観察）条件は，光源から100 mmの距離をおいて裸眼で観測する場合である．したがって，このクラスではレンズ系による観察で損傷を受ける可能性がある．
クラス2	波長400〜700 nmの可視光が対象で，目の嫌悪反応（≤0.25秒）により危険性が回避される1 mWのパワーレベルである．この値は露光時間を$t=0.25$秒にしたクラス1のAEL値と等しい．
クラス2M	これはクラス1Mと同様に「裸眼は安全」として新設されたクラスで，裸眼観測の条件下（距離100 mm）で嫌悪反応により安全となる，限定されたクラス2である．したがって，このクラスもレンズ系による観察は損傷を受ける可能性がある．
クラス3R	これは，レーザーパワー（エネルギー）制限値をクラス1＆2の5倍としたクラスである．裸眼での露光条件では最悪でMPE値の5倍（<5 mW）に留まる．このクラスによる制限値がクラス1M，2Mによる制限値を下回る場合は，このクラスは存在しない．実際，大口径ビームや発散角の大きなレーザービームではクラス1の制限パワーの5倍（＝クラス3R）を超えるクラス1M，2Mがあり，それらの上のクラスは3Bとなる．
クラス3B	直接光を見たり触れたりすると危険なレベルで，CW（連続発振）光では500 mW以下である．
クラス4	直接光だけでなく散乱光も危険であり，CWでは0.5 Wを超えるレベルである．

AEL（被曝放出限界）：各クラスで許容される最大被曝放出レベル
MPE（最大許容露光量）：通常の環境下で人体に照射しても有害な影響を与えることがない
　　　　　　　　　　　レーザー放出レベル
レーザー製品の安全基準　JIS C 6802：2005（IEC 60825-1：2001）（OITDA/JSA）

光も可視光も，フィルターにより照射光量を下げており（励起光量も制限している），直接眼に照射しなければ危険性は低い．しかしながら，取り扱いには十分注意し，決してレーザー出射口を覗いたり，人に向けたりしないこと．また，レーザーが発振しているときは，かならず防護めがねを着用すること．

補2　半導体レーザー（LD：Laser Diode）

　半導体レーザーは，直接遷移型の n 型，p 型半導体の接合部（活性層）に電流を流すことにより反転分布を形成し，電子-正孔結合により発光する光を閉じ込め（ダブルヘテロ構造），結晶の劈開面を使った共振器（Fabry-Perot）により増幅し出射する（図 A1）．発振の中心波長は活性層（発光層）の結晶材料によるエネルギーギャップにより決まり，温度，電流により変化する．共振器構造は，単一縦モード（単一波長），単一横モードにするための工夫がされている．

　活性層の材料により発振波長域は決まってしまうが，長期信頼性を確保するため，半導体基板と格子定数が一致する必要がある．この条件にあう発光効率のよい材料を求め，GaAs，AlGaAs，InP，GaN などを基板とした半導体レーザーが開発されている．

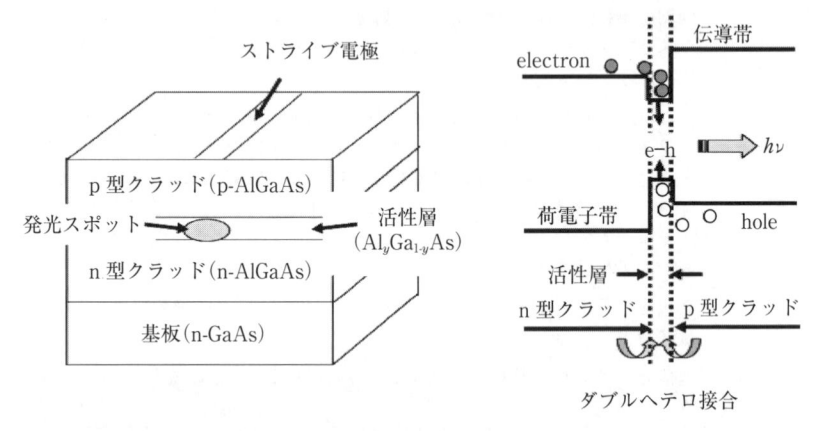

図 A1　典型的な半導体レーザーの構造

11 高温超伝導体と金属(Ni)の低温における電気抵抗

> **目 的**
>
> 酸化物超伝導体 $Bi_2Sr_2Ca_2Cu_3O_{10+\delta}$ (通称 Bi2223 と記述される)と金属との, 低温における電気抵抗の温度依存を測定し, 低温電気伝導現象, とくに, 超伝導現象について学ぶ.

1. 解 説

　超伝導現象は今から約1世紀前, オランダのカマーリング・オネス(H. Kamerlingh Onnes)によって固体水銀について発見されたが, その物理学的説明が完成したのはそれから約半世紀を経てからである. それからさらに約30年後, それまでの超伝導理論では予想できない高い臨界温度を持つ酸化物超伝導体が見出された. ここではその中の1つである $Bi_2Sr_2Ca_2Cu_3O_{10+\delta}$ を取り上げ, 低温での電気抵抗の急激な減少と, さらに, 通常金属の低温における電気抵抗の温度変化を測定し, 両者の比較をしながら伝導現象の違いについて学ぶ.

超伝導 (マイスナー効果)

　まず, 従来の金属超伝導の特性であるマイスナー効果について, 電磁気学の立場から眺めてみよう. 超伝導状態の第一の特徴は, 物質固有の臨界温度 T_c 以下で電気抵抗がゼロ, すなわち"完全導体"になることである. 一様な断面積 S, 長さ l の試料の電気抵抗は,

$$R = \rho \cdot \frac{l}{S} = \frac{1}{\sigma} \cdot \frac{l}{S} = 0 \tag{1}$$

となるから，完全導体では抵抗率は $\rho \to 0$，伝導率なら $\sigma \to \infty$ になることを意味している．電位差を V，電流を I とすれば，オームの法則から

$$V = R \cdot I = 0 \tag{2}$$

となるから，試料内では電場はどこでも

$$\boldsymbol{E} = 0 \tag{3}$$

である．これをマクスウェル方程式 $\mathrm{rot}\,\boldsymbol{E} = -\dfrac{\partial \boldsymbol{B}}{\partial t}$ を使って，磁束密度 $\boldsymbol{B}$ で言い換えると，

$$\frac{\partial \boldsymbol{B}}{\partial t} = 0 \tag{4}$$

である．さらにまた，この式を時間で積分すれば，

$$\boldsymbol{B} = \text{定数（初期値）} \tag{5}$$

となるから，完全導体とは $\boldsymbol{B}$ についていえば，初期値がそのまま保存されることを意味している．まとめると完全導体の条件とは，電場については(3)式，磁場については(4)式あるいは(5)式である．図1は，正常状態 $\rightleftarrows$ 完全状態の遷移で，(5)式の条件から予想される磁束線分布の様子を表したもので

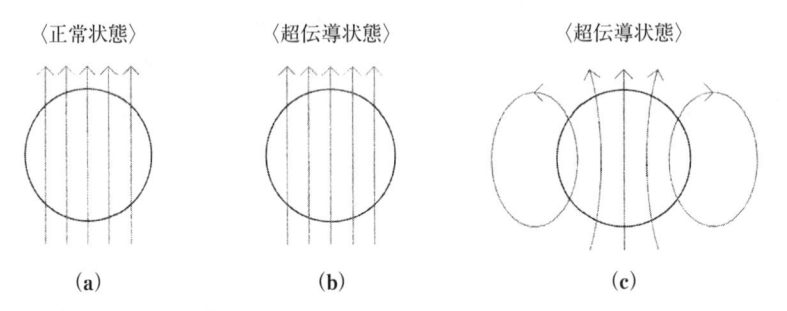

図1 完全導体の場合の予想される磁束線分布図
ただし，正常状態にある導体は常磁性体（$\chi_\mathrm{m} \simeq 0$）で透磁率は $\mu = \mu_0(1+\chi_\mathrm{m})$ としている
(a) 外部磁場を与えて温度は $T > T_\mathrm{c}$
(b) 外部磁場を与えたままで温度は $T < T_\mathrm{c}$
(c) 温度はそのまま $T < T_\mathrm{c}$ で外部磁場を切る

ある.

(a)は $T>T_c$ で, 外部磁場 H_{ex} を与えた初期状態である. それから温度を下げて $T<T_c$ の超伝導状態にしたのが(b)である. H_{ex} は与えたままだから(5)式から磁束線分布は変わらない. そこで温度を変えず超伝導状態のままで, 外部磁場を切ったのが(c)である. 外部磁場による磁束線はなくなるが, (5)式の条件から完全導体内の磁束線はそのまま残る. しかし, 試料の周りの外部磁場の磁束線はないから, 試料を出た磁束線は互いの間の反発力で間隔を広げて安定化する.

図2 超伝導体の場合の実際の磁束線分布図
超伝導状態の導体内では常に $B=0$ である
(a)外部磁場を与えて温度は $T>T_c$, (b)外部磁場を与えたままで $T<T_c$

マイスナー(W. Meissner)とオクセンフェルト(R. Ochsenfeld)は, 図1を確認する実験を行った. しかし結果は, 図2に示すように, 予想とは全く違っていた. (a)は初期状態で, 図1(a)と同じである. しかしながら, そこから温度を下げて $T<T_c$ の超伝導状態にすると(b)になったのである. これは, 図1の(b)とは全く違い, 試料内にはそこを通過する磁束線が全くない. 磁束は $\Phi=\int \boldsymbol{B}\cdot\boldsymbol{n}dS$ と表されるから, 試料内の磁束密度は

$$B=0 \qquad (6)$$

である. すなわち実際の超伝導体は, (5)式の条件ではなく, (6)式の条件を満たし, "完全導体"ではないことが確認された. (6)式を一般にマイスナー

効果と呼んでいる．

　電磁気量を定義に従って整理すると，

$$B_s = \mu_0 H_{ex} + M_s = \mu_0(1+\bar{\chi}_{ms})H_{ex} = 0 \quad \therefore \bar{\chi}_{ms} = -1 \tag{7}$$

となるから，超伝導体とは完全反磁性体であるともいえる．

　このような実験事実を伝導電子の動的挙動から説明したのがフリッツ（兄）(F. London)とハインツ（弟）(H. London)のロンドン兄弟である．彼らは超伝導体内の伝導電子は，正常状態の電子と超伝導状態の電子の2種類に分けられると考えた．それぞれの電子密度を n_n, n_s とすると，全電子密度は $n = n_n + n_s$ である．超伝導の電流密度は

$$i_s = -en_s v \tag{8}$$

であるから，それらの電子についての運動方程式を立てると次式となる．

$$m \cdot \frac{di_s}{dt} = n_s e^2 E - \frac{m}{\tau} \cdot i_s \tag{9}$$

ここで，m は電子の質量，e は電荷，τ は緩和時間で，電気抵抗率は $\rho \propto 1/\tau$ であるから，超伝導状態では $\tau \propto 1/\rho = \sigma \to \infty$ となって，(9)式の第2項は無視できて次式となる．

$$\frac{di_s}{dt} = \frac{e^2 n_s}{m} \cdot E \tag{10}$$

上式の両辺の rotation を取り，マクスウェル方程式 $\text{rot } E = -\frac{\partial B}{\partial t}$ を用いると

$$\frac{\partial}{\partial t}\left[\text{rot } i_s + \frac{\mu_0 e^2 n_s}{m} H_i\right] = 0 \tag{11}$$

を得る．ここで，H_i は導体内部の磁場で外部磁場ではない．ロンドンは(11)式から超伝導を決めるのは

$$\text{rot } i_s + \frac{\mu_0 e^2 n_s}{m} H_i = 0 \tag{12}$$

であると仮定した．これは超伝導状態が(4)式ではなく(6)式であったことと対比される．さて，超伝導電流 i_s に対してもアンペールの法則は成り立ち，i_s が作る磁場は導体内部の磁場 H_i にほかならないから，$\text{rot } H_i = i_s$ である．これを(13)式に代入し，H_i と i_s についてそれぞれ解くと，

11 高温超伝導体と金属(Ni)の低温における電気抵抗

$$\Delta \boldsymbol{H}_{\mathrm{i}} = \frac{1}{\lambda_{\mathrm{L}}^2} \boldsymbol{H}_{\mathrm{i}}, \tag{13}$$

$$\Delta \boldsymbol{i}_{\mathrm{s}} = \frac{1}{\lambda_{\mathrm{L}}^2} \boldsymbol{i}_{\mathrm{s}} \tag{14}$$

を得る. ここで,

$$\lambda_{\mathrm{L}} = \sqrt{\frac{m}{\mu_0 e^2 n_{\mathrm{s}}}} \tag{15}$$

で, これをロンドンの"侵入度"と呼ぶ. その理由は, これらの1次元(x)の解を求めると,

$$H_{\mathrm{i}}(x) = H_{\mathrm{i}}(0) \exp\left(-\frac{x}{\lambda_{\mathrm{L}}}\right) \tag{16}$$

$$i_{\mathrm{s}}(x) = i_{\mathrm{s}}(0) \exp \leq \left(-\frac{x}{\lambda_{\mathrm{L}}}\right) \tag{17}$$

となり, 磁場 $\boldsymbol{H}_{\mathrm{i}}$ も電流 $\boldsymbol{i}_{\mathrm{s}}$ も, 試料表面から深さ λ_{L} まで侵入すると $1/e$ 倍に減少し, さらに内部深くではゼロになることを表している. 改めてアンペールの法則とロンドンの方程式を並べて書くと,

$$\boldsymbol{i} = \operatorname{rot} \boldsymbol{H} \qquad \text{アンペールの法則}$$

$$\operatorname{rot} \boldsymbol{i}_{\mathrm{s}} = -\frac{1}{\lambda_{\mathrm{L}}^2} \boldsymbol{H}_{\mathrm{i}} \qquad \text{ロンドンの方程式}$$

であるが, これら2つの式の幾何学的関係を表したのが図3である.

外部から与えられた磁場でアンペールの法則に従う電流 i_{s} が誘起されると,

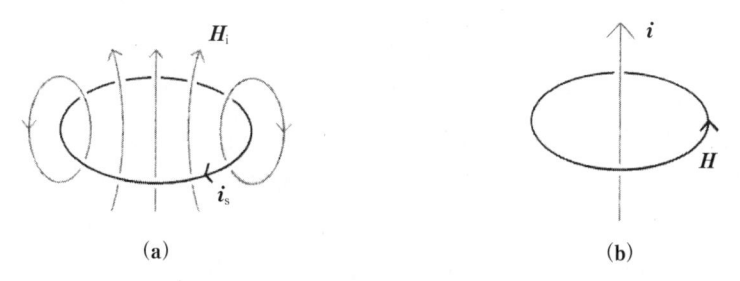

図3 ロンドンとアンペールの方程式が示す電流と磁場との幾何学的関係
(a)ロンドンの方程式を表す, (b)アンペールの法則を表す

i_s によって作られる磁場 H_i は，ロンドンの方程式に従って逆向きになるので，互いに打ち消し合い試料内部では磁場がゼロになる．すなわちマイスナー効果が発生する．

以上は，金属超伝導の特性の1つであるマイスナー効果を，学習済みの古典電磁気学の知識から見たものであるが，元来，超伝導現象は量子効果が巨視的現象として現れたもので，完全な説明は量子論にもとづいてなされている．ここではその説明は省く．

酸化物高温超伝導を説明する理論的モデルはたくさん提案されているが，いまだ成功していない．この種の物質は室温では絶縁体に近い半導体で，電荷担体が伝導電子ではなく，成分物質によって担体は異なり，伝導現象をいっそう複雑にしている．さらにまた，解決を困難にしているのは，完全な組成でいろいろな物理測定に適える大きい単結晶試料がなかなか得難いからである．ここで使用する試料も多結晶体であり，格子不整，格子欠陥も多分に含まれることは否めない．

正常金属の低温における電気抵抗の温度依存

正常状態のオームの法則は，伝導電子について(9)式と同じ運動方程式を作り，定常電流の条件 $di/dt=0$ をそれに代入して，次のように得る．

$$i = \sigma \cdot E = \frac{e^2 n \tau}{m} \cdot E \tag{18}$$

$$\sigma = \frac{1}{\rho} = \frac{e^2 n \tau}{m} \tag{19}$$

電気抵抗は(1)式で表されるから，緩和時間 τ が R の性質を決めることになる．τ は伝導電子が電場の力を受けて，平均間隔にある散乱体間を飛越するために必要な時間である．散乱体としては格子振動 (τ_L)，不純物原子 (τ_i)，そして，格子欠陥 (τ_d) などが考えられ，それらの飛越時間は別々のモデルから求められる．これらの中の格子振動については，金属がいかに完全無欠な結晶であっても，有限温度ならば必ず起きる本質的な散乱である．その τ_L の計算は，格子振動場を量子化して得られるフォノン（音響量子）と伝導電子との衝突問

題として，ボルツマン-ブロッホ方程式を解くことで求められる．その理論の詳細を述べるのは省略し，ここではその理論を背景にして得られた電気抵抗 R に関する半経験的な式，次のグリューナイゼン(Grüneisen)の公式を用いて実験結果を考察する．

$$R = A \cdot T^5 \int_0^{\Theta/T} \frac{z^5}{(1-e^{-z})(e^z-1)} dz \tag{20}$$

ここで，$\Theta = \frac{\hbar c_l q_D}{k}$ はデバイ温度で，c_l は縦波の音速，$q_D = \frac{2\pi}{\lambda_D}$ はデバイ波数，$z = \frac{\hbar c_l q}{kT}$ さらに A は，温度に無関係な物質固有の量である．(20)式の両辺を，$T = \Theta$ 〔K〕における電気抵抗 $R(\Theta)$ で割ると次式となる．

$$\frac{R}{R(\Theta)} = F\left(\frac{T}{\Theta}\right) \tag{21}$$

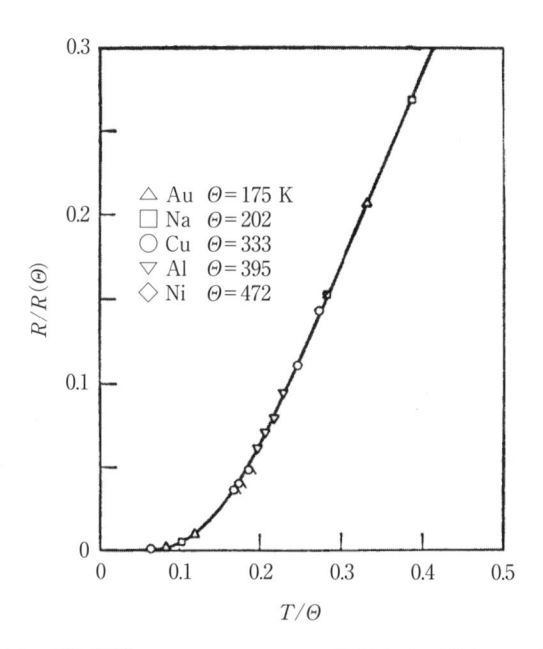

図4　電気抵抗のグリューナイゼン関数と実測値との比較
（神谷武志，木村忠正，張紀久夫訳：固体物理の基礎，丸善 (1985) より）

ここで，$F(x)$ は物質の種類によらない関数である．この関数といくつかの金属について求められた値とを比較したのが図4である．

2. 実　験

実験課題

（1）酸化物超伝導体（$Bi_2Sr_2Ca_2Cu_3O_{10+\delta}$）の電気抵抗を，室温（300 K）から液体窒素温度（77.4 K）付近の範囲で測定し，超伝導転移過程について調べる．

（2）金属（Ni線）の電気抵抗の温度依存を（1）と同様の温度域で調べ，抵抗の振る舞いをグリューナイゼンの公式（(20)，(21)式）を参考にして解析をしなさい．

実験装置と実験手順

実験装置

（1）4端子法による電気抵抗測定の原理

図5は4端子法の測定原理を示す．試料に電流 I 〔A〕を流し，試料内の2点の間の電位差 V 〔V〕を測定し，電気抵抗 R 〔Ω〕を次式のように求める方法である．

$$R=\frac{V}{I} \ [\Omega] \tag{22}$$

端子として，電流端子①，②，電圧端子③，④の計4個を用いるので，この方法を4端子法と呼んでいる．この測定の重要な条件は，電流値が常に一定であることである．さらに，試料形状も断面積 S 〔mm²〕，長さ l 〔mm〕の一様な棒状であることが望まれる．その場合の物質固有の定数である抵抗率 ρ〔Ωm〕は

$$\rho=\frac{S}{l}\cdot\frac{V}{I} \tag{23}$$

と得られる．

試料と導線の接合点に熱起電力が発生する場合は，電流を逆向きにした電圧

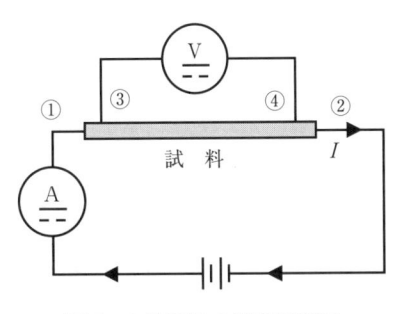

図5 4端子法の測定原理図

測定を行い,両者の平均値から R を求めれば,その影響は相殺できる.本実験では接合熱起電力の影響は小さいものとして,この方法は行わない.

(2) 測定回路と装置

図6に測定装置のブロック・ダイヤグラムを,図7(a),(b)にはクライオスタット内部の超伝導体試料部分と正常金属の Ni 線試料部分を示す.図6からわかるように,試料には直流の定電流を流し,それによって生じる試料内の電位差を,一定の温度間隔で測定し,得られた結果をコンピュータに転送する機構になっている.試料容器内部は,高温超電導体の場合は低真空にする.正常金属の場合は,図7(b)に示すように,中央の銅円柱に白金抵抗体を埋め込み,円柱の周りに直径 125 μm のニッケル線を,長さ約 600 mm を無誘導形に巻きつけ,さらにその外周を銅円筒で包み込む構造にしている.このとき白金およびニッケル線は共に,母体の銅ブロックとは電気的に絶縁しておく.測定は一度液体窒素温度まで試料を冷却し,その後,温度の自然上昇を利用して,徐々に昇温させ,その間に電気抵抗を測定する.この装置の構造では熱伝達の仕方が複雑となるので,できるだけ均一な温度分布を作るために,試料を冷却するときはその際は容器内には 1/10 気圧程度の He ガスを,熱交換ガスとして封入し,液体窒素温度付近まで十分に冷却され均一となった状態から電気抵抗測定を始め,常温まで自然上昇させて測定していく.

196 物理学実験―応用編―

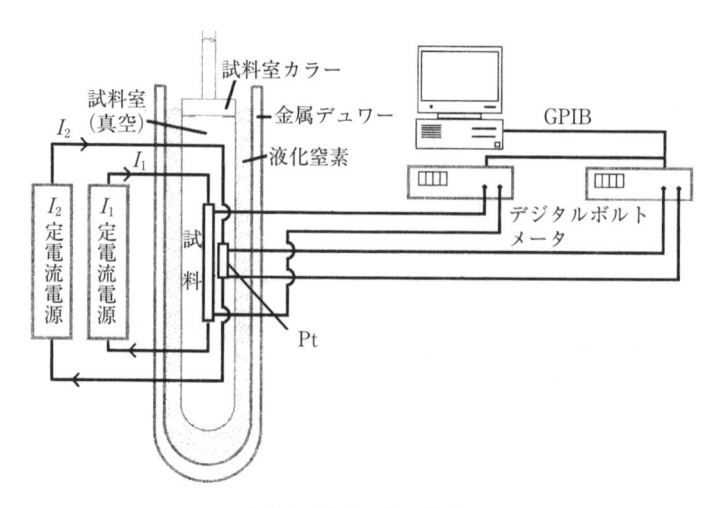

図6 測定回路の概略

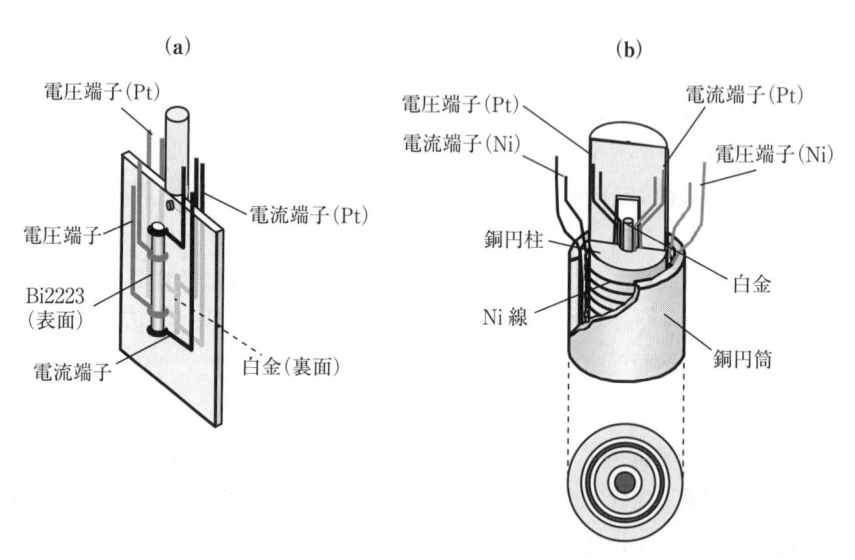

図7 測定試料部分
(a)超伝導体試料, (b)金属(Ni)試料

（3）温度測定

ここでは白金(Pt)を抵抗温度計として使用する．Pt温度計は再現性がよく精度も高いので，低温測定の標準温度計としてよく使われる．本実験で用いる白金線の0℃における抵抗値は超伝導体試料温度測定用で500 Ω，金属線試料用で100 Ωである．70 K～320 Kの範囲では白金の抵抗値から次式を使って温度を読み取ることができる．

$$T = 11.749X^2 + 228.76X + 33.326 \ [\mathrm{K}]$$

ここで，$X=(R_T/R_{273.2})$を意味し，$R_{273.2}$は，0℃における電気抵抗に等しい．この他の測温体として，熱電対を使うこともある．

実 験 手 順

超伝導体の電気抵抗測定

（1）デュワー（大）に約半分，デュワー（小）に約八分目，液化窒素を用意する．

（2）クライオスタット（低温槽）の試料室を1 Pa程度までロータリーポンプで排気する．手順に関しては指導者の指示に従う．

（3）クライオスタットを所定の位置に配置し，測定用コネクタを差し込む．

（4）テーブルタップ付属のスイッチをONにする．

（5）超伝導体測定用および温度測定用電源のスイッチをONにする．

（6）I_1（試料）の出力電流値を20 mAにセットする．通常，その状態になっているはずである．I_2（Pt）の出力電流値を1 mAにセットする．通常，その状態になっているはずである．

（7）同電源の出力ボタンOUTPUTを押す．このとき，2台のデジタルマルチメータがONになっていることを確認する．

（8）コンピュータを起動させる．

〈注意〉

以降は添付の自動計測のための説明書に従い計測を進める．自動計測の方法はPCあるいはプログラミング言語の変更に伴い変わるので，本書の内容から除外し，手

測定試料の温度降下の手続き

デュワー（大）を試料容器下から，ゆっくり液化窒素に浸していく．もし沸騰音が激しいときは液化窒素中への容器の浸しを止め，音が静かになるのを待ち再び開始する．この間，測定は継続されておりデータはグラフ上に赤い点でプロットされている．測定点が 0.5～1.0 mm 程度の間隔でプロットされていくことを目標にする．170 K 以下では場合によってはガラス部分が液体窒素に完全に浸るまでデュワー瓶に液化窒素（小さいデュワーに用意したもの）を追加する．

抵抗値は温度の降下に対し直線的の下降し，150 K より低くなると降下の度合が大きくなる．試料によって多少温度は異なるが，100 K では超伝導状態となる．

(9) 測定データを USB などに記録する．
(10) 引き続き，手順書に従い温度上昇過程での電気抵抗測定を開始しなさい．

〈注意〉
上昇時の計測では試料部分を冷やしていた液体窒素入りデュワー瓶を徐々に下ろしていく．ガラス部分が液体窒素から離れると温度変化が大きくなるのでデュワー瓶の下ろし方を少なくし，温度変化に注意する．

金属(Ni)の電気抵抗の温度依存

金属（Ni 線）の抵抗の温度変化も同じ測定系で行う．クライオスタットを図 7(b) に示す．測定系の流れは超伝導体の場合とほぼ同じとなるが，金属の場合の抵抗測定は一度液体窒素温度まで冷却した金属線をゆっくりと昇温し，その過程で計測する．また，図 7(b) からわかるように，試料冷却部構成の関係で，金属線に直接熱電対あるいは温度計測体が触れていない．そのため，わずかな熱の遅れによって，温度表示と被測定体である金属との間に温度差が生じやすくなっている．これを防ぐために，本実験ではクライオスタット中に熱交換ガスとして 1/10 気圧程度の He ガスを封入する．He ガスは熱伝導率がよ

いため，クライオスタット内の温度不均一を最小にする．He ガス封入などの実験の詳細は直接担当者の指示をうけなさい．液体窒素温度まで温度を降下し十分に温度が安定したら，He ガスをゆっくりと排気し，クライオスタット内を低真空にする．この作業の後，温度上昇過程で金属線の抵抗を測定する．0℃までの温度の回復にほぼ1時間程度を要する．測定は準備を十分に吟味し，計画性をもって実験を開始する．

3. 解析と考察

超伝導体の電気抵抗変化

（1） 抵抗値と絶対温度の関係を降温過程，昇温過程を別々に図に描きなさい．

（2） 個々のデータより dR/dT を各温度で計算し，dR/dT の温度依存のグラフを作成し，dR/dT が最高値を示す温度を決定しなさい．

（3） 超伝導転移温度を，①抵抗が急激に温度降下した部分を外挿して決定，②(2) の微分係数最大の温度で決定，③抵抗が超伝導状態に移る前で，通常の温度変化をしている部分と，急激に降下した部分を，それぞれ直線で近似し，その2本の直線の交点で決定しなさい．

（4） 金属線の抵抗の温度変化は，Ni のデバイ温度 $\Theta=472\,\mathrm{K}$ での抵抗値 R_Θ を $6.13\,\Omega$ として，測定データを規格化（R_T/R_Θ）し，$T/\Theta \sim 0.5$ の間で図にまとめなさい（図4参照）．

（5） グリューナイゼンの公式で示される抵抗の温度依存が何に起因するかデバイ温度近傍および低温領域で考察しなさい．

12 はんだ付けの実習と電源回路

目的
装置または回路組み立ての基本作業であるはんだ付けの技術を学び，その応用学習として簡単な定電圧電源の製作を行う．

1. 解 説

　最近のエレクトロニクス技術の進歩には目を見張らされるものがある．コンピュータ，通信機器（TV，人工衛星など），電子制御自動車エンジンなど，これらにはエレクトロニクスの技術がふんだんに利用されている．このような装置，測定器の中には，多数の電子部品が複雑に組み込まれている．そしてこの個々の部品を電気的に接続するため，導線などと次のような方法で接続される．

（1）　ねじ止め
（2）　圧着（線を金属管に通し，管をつぶす）
（3）　溶着（金属母材を融かす，スポットウェルダーを用いる）
（4）　はんだ付け（軟ろう付けの一種）

　このうち接合しようとする金属よりも低い温度で融け，しかもその母材とよく融着する合金を用いた接合方法を"ろう付け"という．比較的高温のろう付けには"銀ろう付け"（約750℃）があり，はんだ付けもその一種であるが，約200℃前後の低融点の合金（Pb-Sn合金）を用いている．ときには，約60℃前後で融けるウッド合金と呼ばれる低温はんだも利用されることがある．

　はんだ付けはあまりにも簡単で，誰にでもできると安易に考えがちだが，実はかなりむずかしい作業である．目的によっては十分吟味し注意をはらわなけ

れば，思わぬ失敗を起こすことがある．はんだ付けにはいろいろなノウハウがあるので，実習を通してそのコツを身に付けることが大切である．

2. 実　　験

[実験課題]

いろいろな場合のはんだ付けを実習することにより，その技術を向上させ，簡単な電源や回路の作製を行う．

[実験装置と実験手順]

はんだ付けの準備

はんだ付けの作業に入る前に，次のような下準備が必要である．

（1）　加熱方法

はんだ付けは，はんだを融かすだけでなく，母材にはんだがぬれなければならない．このために必要な温度まで，母材とはんだを，数秒で加熱できる道具を選定する．普通，電気ゴテを，大（100 W 以上），中（60 W），小（15 W）の3本ぐらい用意すれば十分である．大量の熱を必要とするときは，ガスバーナーを用いることもある．部品によっては熱に弱いものがあったり，また細かい作業（IC の足のはんだ付け）になることもあるので，大は小をかねるとして，道具の選択をおろそかにしないよう留意すべきである．

（2）　はんだの選定

はんだはPbとSnの合金であり，その割合は，Pb10%から70%までいろいろの種類が市販されている．電気部品のはんだ付けには，その中で最も融解温度の低いPb40%のはんだを多く使用している．また，形状としては棒はんだ，糸はんだがあり，実験室では，太さ1.5 mm前後の糸はんだを準備すれば大抵の目的に対応できる．

（3）　表面処理剤の選定

金属母材にはんだがよくぬれて融着するためには，母材表面の汚れ（酸化被膜，さび，油など）を取り除き，かつ母材表面を覆って，酸化を防止しなければならない．そのためには，ペースト，またはフラックスと呼ばれる表面処理

剤を用いる．フラックスは，液状のもの，スプレー式のもの，さらには，糸はんだの中に入れてあるもの（フラックス入り糸はんだ）もある．しかし，ペーストやフラックスは付けすぎると不具合を生じやすいので，過剰な使用はしない方がよい．これらは体験学習の1つのテーマでもある．

（4）コテ先の処理

電気部品のはんだ付けには，先端が斜めにカットされたコテ先を用いると使いやすい．このカットされた部分にだけ，はんだを融かして薄くのせておく．その他の部分にはんだをのせてはならない（はんだの付けすぎを起こしやすい）．最近のはんだゴテは，コテ先（銅の棒）の酸化を防止するためにコーティングをしてあるので，ヤスリをかけずに，水を含ませたスポンジでふいておけば常にきれいな状態で使用できる．また，コテ先にはんだがのらなかったり，のせたはんだがすぐ変色するのはコテの温度の上げ過ぎであるから，電圧を下げて適度な温度に調節する必要がある．

（5）金属母材の処理

金属母材にはんだをよく融着させるには，母材表面の汚れを取り除いておかなければならない．目で見て，表面がさびていたり油が付いているときは，ヤスリがけや有機溶剤などを用いてきれいにする．その後はフラックスの力を借りればよい．ただし，ヤスリがけで注意しなければならないのは，母材表面がメッキ（Au，Sn，はんだなど）されているときで，メッキをはがさないように注意してみがかねばならない．

はんだ付けの方法

以下は，フラックス入り糸はんだを用いた場合の作業の説明である．図1を見ながら，下記の手順に従って進める．

（1）1回の動作で付ける方法

接続部分にコテ先と糸はんだを一箇所に，一緒にあてがい，必要量のはんだが融けた時点ではんだだけを離し，コテ先は少しの間そのままにしておき，母材表面にはんだがぬれて，全体に流れ広がったときに離す．コツは，はんだを接続部分で融かし，はんだの中に入っているフラックスを母材に付けることが

大切である．

（2） 2回の動作で付ける方法

あらかじめ個々の部分に薄くはんだを付けておく（はんだのせ）．次に個々

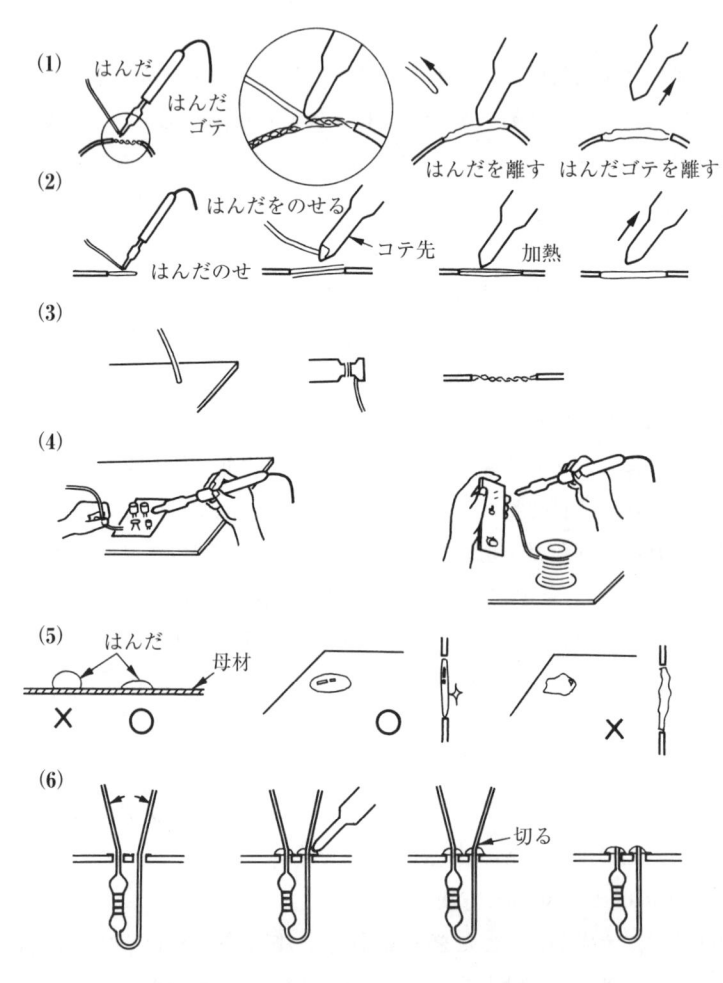

図1 はんだ付けの図解

の部分を接触し，必要量のはんだをコテ先にのせ，そのコテ先で加熱融着する．この方法であらかじめはんだを付けるときは，（1）の要領で行う．

（3） はんだ固化時の注意

コテ先を離すと，液状のはんだは固化しはじめる．そのとき，接合部品を動かしてはならない．そのためにも，作業のしやすさの面からも，また，仕上がり強度の面からも，穴に線を通したり，線を巻きつけたり，さらにまた，線同士を互いにねじったりして"仮り止め"状態にしてはんだをのせるのがよい．

（4） 手に何を持つか？

右手には，いつも，はんだゴテを，ペンを握るのと同じように持つ．左手にはんだを持ち部品を机上に置く方法と，逆に，左手に部品を持ちはんだを机上に置く方法の，2通りがある．部品の持ちやすさに合わせて，適宜，使い分ける．

（5） はんだ付けの良，不良の判断

良いはんだ付けは，仕上ったとき，母材表面上のはんだが盛り上がらないように（よくぬれた），さらにはんだ面が"金属光沢"をしている場合である．不良の例は，はんだが"だんご状"になったり，その表面が"白っぽく"光沢のない面になっている場合である．

（6） 基板上のはんだ付け

図1(6)のような手順ではんだ付けをする．

3. 解析と考察

実　　習

（1） いろいろな太さの銅線をやぐら状に組み，その接合点をはんだ付けして固定する（図2(a)参照）．

（2） ユニバーサル基板上でのはんだ付けの練習を行う（図2(b)）．

（3） 3端子レギュレーター（7812，7912）を使って，最も簡単な定電圧電源（±12V）を製作する．（2）で用いた基板表面に，マジックインクで電源の配線パターンを描く（図2(c)）．図3の電源回路図と，でき上り見本（図2(d)）を参照して電源を作る．ここで作った電源は，実験題目「OPアンプと

206 物理学実験—応用編—

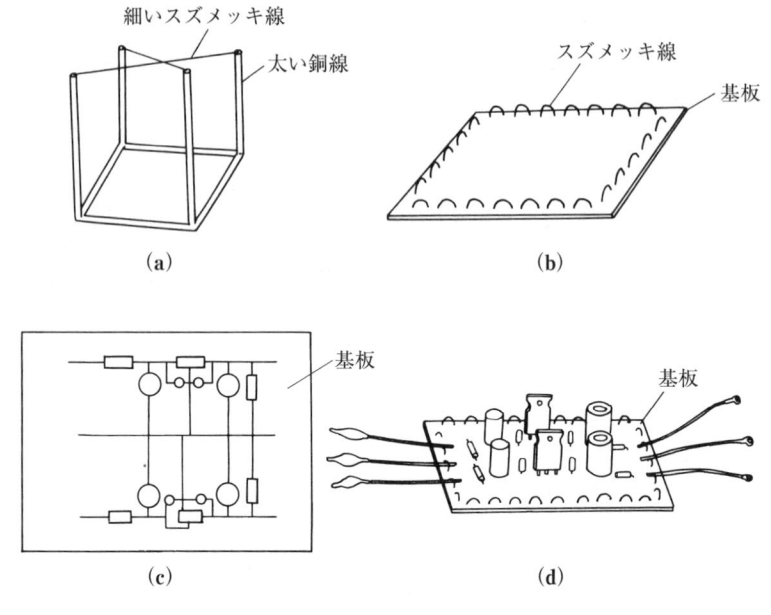

図2 はんだ付け実習の見本例

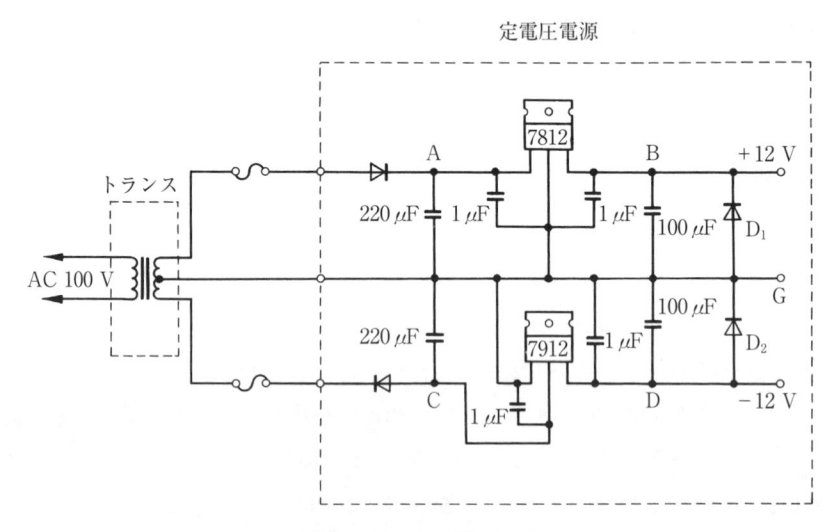

図3 定電圧電源の回路

増幅回路」で各自用いることになるので，大切に保管すること．

（4） 電源の動作テストをする．

時間がなければこのテストは，「OP アンプと増幅回路」の実験のときに行えばよい．

（a） 備え付けのトランスに図 3 の回路図のように電源を接続し通電する．

（b） G 点と A, B, C, D 点との直流電圧を，デジタルボルトメータを用いて測定する．

（c） +12 V および -12 V の出力端子と G との間に，それぞれ 1 kΩ の負荷抵抗を接続して，再度 A, B, C, D の各点での直流電圧，リップル電圧を測定する．

13 OP アンプと増幅回路

目 的

汎用 OP アンプの利用法と，それを使った簡単な増幅回路の特性を調べ，電子計測の実習を行う．

1. 解　説

　汎用 OP アンプ（operational amplifier，演算増幅器，通常オペ・アンプと呼ぶ）は，2つの入力端子，1つの出力端子を持ち，±数 V から ±18 V の 2 電源で動作する，ほぼ理想的な増幅器である．実際の OP アンプの特性と，形状およびピン配置は，表1と図1に示す．内部の等価回路は，図2(a)に示すような複雑な回路で構成されている．この OP アンプを含む回路を書くときは，内部回路を抽象化した図2(b)の三角形の記号で表す．

　図2(b)で，A の入力端子は反転入力（inverting input）を表し，正の電圧を加えれば，C の出力端子から負の電圧を取り出せることを示す．B は非反転入力端子である．ただし，ここで正の電圧を加えるということは，アースに対して正というのではなく，B の端子に対して正ということであり，それに対して，C の出力電圧の正負はアースに対しての正負であることに注意する．すなわち，OP アンプは差動入力のアンプである．

　図3は理想的なアンプの等価回路を示す．このアンプは，次の6つの条件を備えている．

（1）　増幅度 A は無限大である

（2）　周波数帯域幅は DC から無限大周波数まである

（3）　入力インピーダンスは無限大である

表1 LM301A の特性表
ELECTRICAL CHARACTERISTICS ($V_s = \pm 15$ V, $T_A = 25°C$)

PARAMETERS (see definitions)	CONDITIONS	MIN.	TYP.	MAX.	UNITS
Input Offset Voltage	$R_s \leq 10$ kΩ		2.0	[7.5]	mV
Input Offset Current			3.0	[50]	nA
Input Bias Current			70	[250]	nA
Input Resistance		[0.3]	2.0		MΩ
Input Capacitance			1.4		pF
Offset Voltage Adjustment Range			±15		mV
Input Voltage Range		[±12]	±13		V
Common Mode Rejection Ratio	$R_s \leq 10$ kΩ	[70]	90		dB
Supply Voltage Rejection Ratio	$R_s \leq 10$ kΩ		30	[150]	μV/V
Large-Signal Voltage Gain	$R_L \geq 2$ kΩ, $V_{out} = \pm 10$ V	[20,000]	200,000		
Output Voltage Swing	$R_L \geq 10$ kΩ	[±12]	±14		V
	$R_L \geq 2$ kΩ	[±10]	±13		V
Output Resistance			75		Ω
Output Short-Circuit Current			25		mA
Supply Current			1.7	[2.8]	mA
Power Consumption			50	[85]	mW
Transient Response (unity gain)	$V_{IN} = 20$ mV, $R_L \geq 2$ kΩ				
Rosetime			0.3		μs
Overshoot			5.0		%
Slew Rate	$R_L \geq 2$ kΩ		0.5		V/μs

LM301A

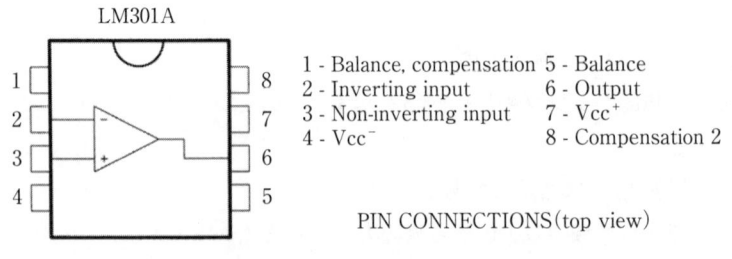

1 - Balance, compensation   5 - Balance
2 - Inverting input   6 - Output
3 - Non-inverting input   7 - Vcc$^+$
4 - Vcc$^-$ 8 - Compensation 2

PIN CONNECTIONS (top view)

図1 OP アンプの形状例とピン配置

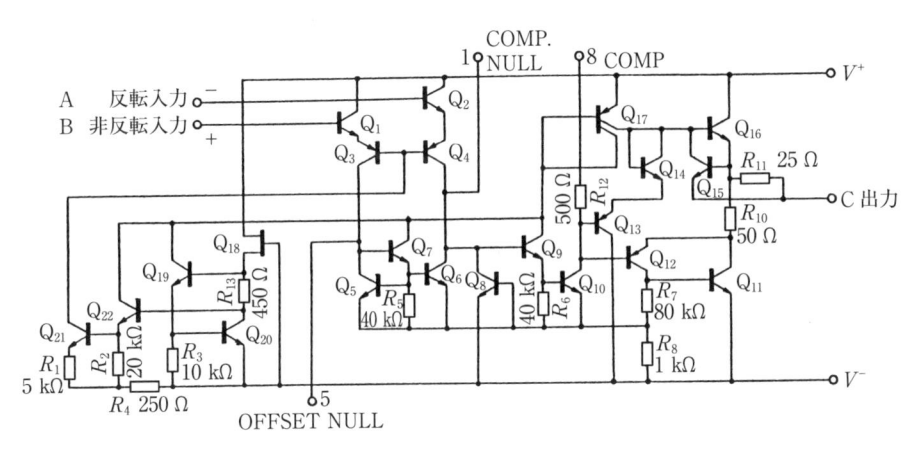

図 2(a) LM301A の等価回路

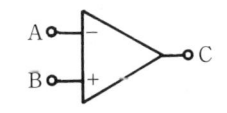

図 2(b) OP アンプの表示

- （4） 出力インピーダンスはゼロである
- （5） 雑音はなく，入力ゼロのときに出力ゼロ（オフセットはゼロ）となる
- （6） 深い負帰還を安定にかけられる（発振しない）

このようなアンプを理想アンプと呼んでいる．このアンプに負帰還（negative feedback）をかけ，目的の増幅度 A_{NF} を得て使用している．

図4は反転増幅器の回路図を示す．この回路で，入力抵抗 R_s の X 点に入力電圧 V_s を加えたとき，I_s の電流が流れフィードバック抵抗 R_f に I_f の電流が流れたとする．$R_i = \infty$ であるから $I_b = 0$ となり，

$$I_s = I_f \tag{1}$$

となる．G 点の電圧を V_b，アンプの出力電圧を V_o とすると，オームの法則および（1）式から

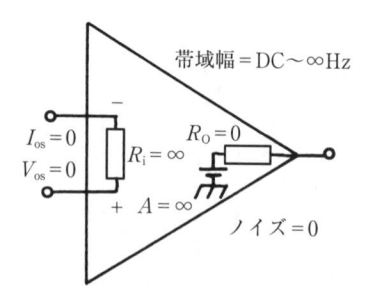

図3 理想アンプの等価回路

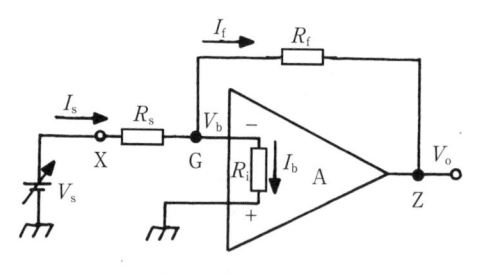

図4 反転増幅器

$$\frac{V_s - V_b}{R_s} = \frac{V_b - V_o}{R_f} \tag{2}$$

を得る．一方，OPアンプの増幅度を A とすれば，

$$V_o = -AV_b \tag{3}$$

であり，V_o は有限な値であるから

$$V_b = \lim_{A \to \infty} \left(\frac{-V_o}{A} \right) = 0 \tag{4}$$

となる．したがって(2)式と(4)式から

$$\frac{V_o}{V_s} = -\frac{R_f}{R_s} = A_{NF} \quad (反転増幅) \tag{5}$$

を得る．A_{NF} は，この反転増幅器の増幅度である．また，(4)式からわかるように，OPアンプが正常に働いているかぎり，G点の電圧は常にゼロである

(正常，異常の判定点となる)．すなわち G 点はアースにつながっていると考えてもよい．しかしながら，実際にはアースへ電流は流れていないので ($I_b=0$)，このような状態をイマジナル・ショート (imaginal short) という．

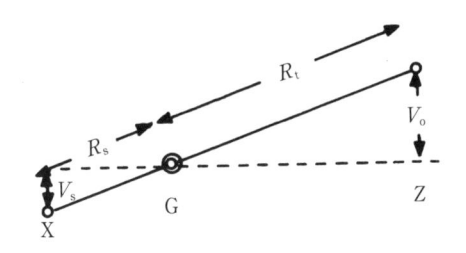

図5 反転増幅器のアナロジー

この増幅器の論理的なアナロジーとして，図5のような G に回転軸を持つ1本の棒が考えられる．ここでも(5)式が成り立つのは，棒が回転軸によって支えられていること (X 点が上下動しても G 点は上下しない) が条件である．また，G 点はイマジナル・ショートであるので，この反転増幅器の入力インピーダンスは R_s に等しい．

図6は非反転増幅器の回路図を示す．この増幅器の増幅度 A_{NF} は

$$A_{NF}=\frac{V_o}{V_s}=1+\frac{R_f}{R_s} \quad \text{(非反転増幅)} \tag{6}$$

となる．

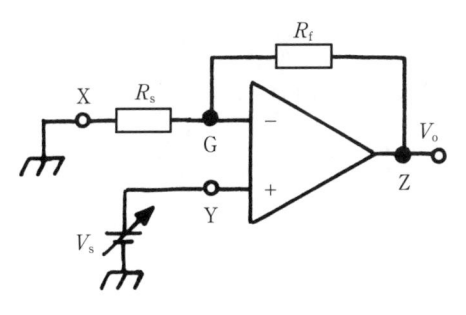

図6 非反転増幅器

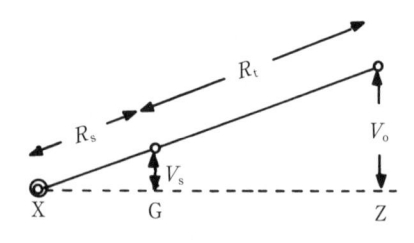

図7 非反転増幅器のアナロジー

　この増幅器のアナロジーとしては，X 点に回転軸を持つ棒（図7）と考えられる．ここでは，G 点の電圧はゼロでなく，Y 点の電圧と等しくなる．また，この増幅器の入力インピーダンスは無限大である．

　以上の説明は，OP アンプが理想的アンプである場合であって，実際の OP アンプを使用するときは，以下に述べるように，さらにいくつかの部品を追加した回路を組まなければならない．

　汎用 OP アンプの入力段は差動増幅回路で，その等価回路を示すと図8である．トランジスタのエミッタ・ベース間電圧 V_{EB} の差 $V_{EB2} - V_{EB1} = V_{os}$ をオフセット電圧，ベース電流 I_B の差 $I_{B1} - I_{B2} = I_{os}$ をオフセット電流という．

　図9に示す OP アンプの一般的な実用回路では，I_{os} は等価的に R_f を流れ，V_{os} は非反転入力に入っていると考えられる．したがってオフセット出力電圧 ΔV_o は

$$\Delta V_o = \left(1 + \frac{R_f}{R_s}\right) V_{os} + R_f \cdot I_{os} \tag{7}$$

となる．電流によるオフセット出力 ΔV_{o1} は，

$$\Delta V_{o1} = -R_f \cdot I_{B1} + \left(1 + \frac{R_f}{R_s}\right) R_c \cdot I_{B2} \tag{8}$$

となる．ここで R_c の値を

$$\frac{1}{R_c} = \frac{1}{R_f} + \frac{1}{R_s} \tag{9}$$

とすれば，(8)式は

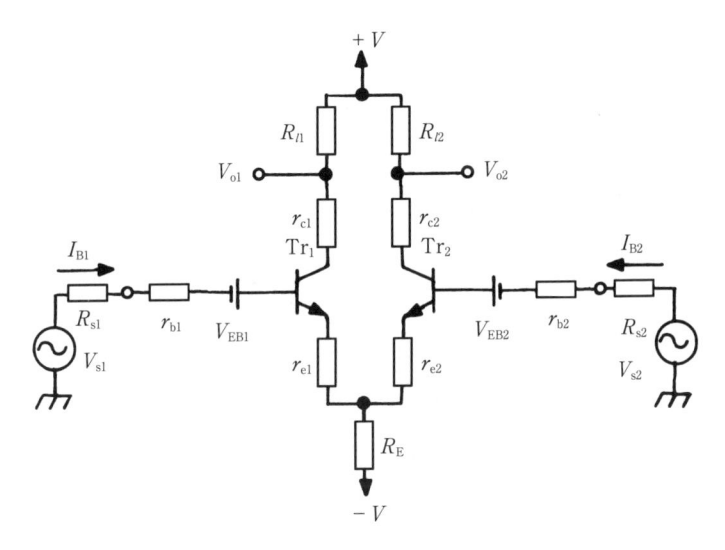

図8 OPアンプ入力段等価回路

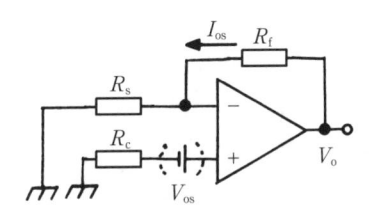

図9 オフセット電圧，電流

$$\Delta V_{o1} = R_f \cdot I_{os} \quad (10)$$

となり，これは(7)式の右辺の第2項である．V_{os} も I_{os} も温度によってドリフト（変動）する．したがって，その厳密な補償方法は複雑な回路となるが，一般には，(9)式を満足する抵抗 R_c を非反転入力につけ，かつ入力電圧ゼロ（X点をアースに接続）のとき出力ゼロとなるように初段の差動増幅のエミッタ電流を調節する．このゼロ調節のための回路の一例を図10に示す（図中の5 MΩ，10 MΩ，VR50 kΩ）．図9で，R_c を付けなければ（$R_c=0$），$I_{B1} > I_{os}$

216 物理学実験―応用編―

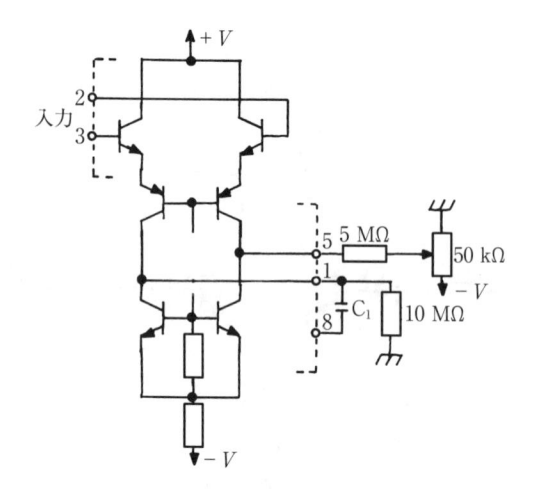

図 10 OP アンプのゼロ調節回路

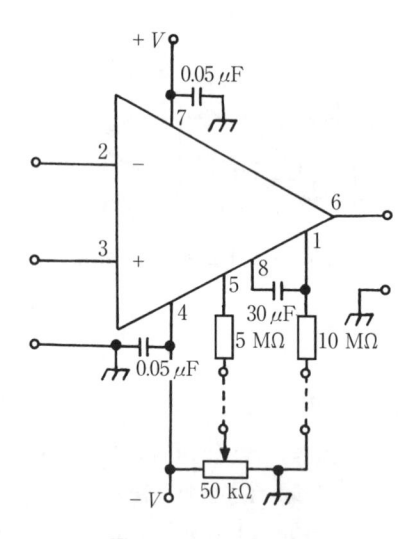

図 11 回路板配線図

なので大きな ΔV_{o1} が出力されてしまうことに注意しなさい.

その他, OP アンプに指定されている位相補償回路 (図 10 の C_1) や, 電源のバイパス・コンデンサー (図 11 の $0.05\,\mu\mathrm{F}$) を付けて, 増幅器が発振しないようにしなければならない.

2. 実　験

実験課題

汎用 OP アンプを利用して反転増幅回路の電子計測の実習を行う.

実験装置と実験手順

実験手順

（1）デジタルマルチメータ, オシロスコープの電源 SW を ON にする. 実験終了まで OFF にしてはならない.

（2）実験に使用する抵抗器の値を測定する.

（3）以下の実験では, 図 11 のように組み立てられている回路板を使って測定する. なお, 図 11 で破線の部分は未接続であることを意味するので注意しなさい.

（4）回路板に $\pm 12\,\mathrm{V}$ の電源をつなぎ, 次に, 図 12 の回路を組んだ後, 回路のオフセット電圧とオフセット電流を測定する. ただし配線作業中は $\pm 12\,\mathrm{V}$ 電源の AC 100 V プラグを必ず OFF にしておくこと. 以下の実験でも同じ手順で行わないと OP アンプが破損する. 図 12 の SW が ON のときの出力電圧を V_1, OFF のときを V_2 とすると, 近似的に

$$V_{\mathrm{os}} = \frac{V_1}{R_2/R_1}, \quad I_{\mathrm{os}} = \frac{V_1 - V_2}{R_3(1 + R_2/R_1)}$$

となる (ここで $R_1 = 47\,\Omega$, $R_2 = 4.7\,\mathrm{k}\Omega$, $R_3 = 100\,\mathrm{k}\Omega$ としなさい).

（5）増幅度約 10 倍の反転増幅器 ($R_s \sim 10\,\mathrm{k}\Omega$, $R_f = 100\,\mathrm{k}\Omega$ にしなさい) を作り, 入力端子 X をアースに落としゼロ調節をする. 次に図 13 の信号源を図 4 の X 点につなぎ, 入力電圧をいろいろに変え, 増幅器の入出力電圧特性および, 入力電圧と G 点の電圧の関係を測定し (ある入力電圧に対して, G

218 物理学実験—応用編—

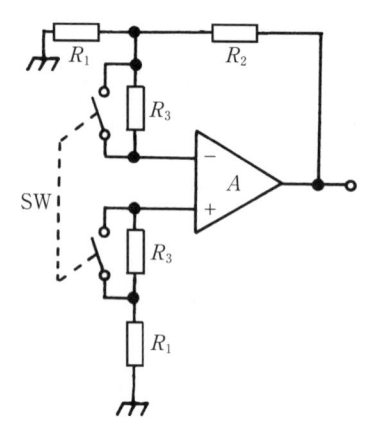

図 12 オフセット測定回路

とZは何Vであるかを測定する)，グラフに描きなさい．次に，この増幅器の入力インピーダンスを測定する．すなわち，電流と電圧を測定し，計算により入力インピーダンスを求め，さらにグラフより増幅度を計算しなさい．なお測定中は，常時，オシロスコープで出力端子でのノイズの有無や発振の有無を監視しなさい．

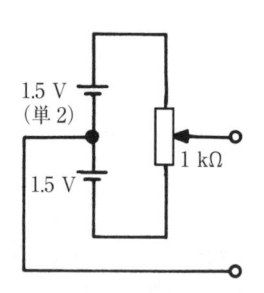

図 13 信号源回路

（6） 増幅度約 10 倍の非反転増幅器（$R_s \sim 10\,\mathrm{k}\Omega$ にしなさい）を作り，(5)と同様の測定をしなさい（図 6 を参照）．

（7） 時間の余裕があったら，図 14 の加算器，図 15 の理想的整流器の特性

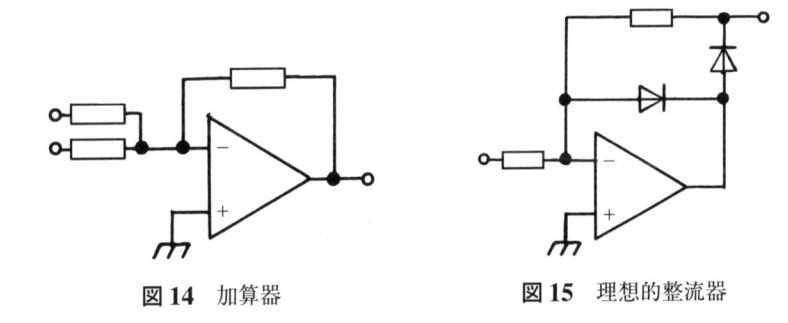

図 14　加算器　　　　　　図 15　理想的整流器

を測定しなさい．

3. 解析と考察

[設　問]

　(5)式と(9)式は信号源のインピーダンスをゼロと考えた場合に成り立つ式である．もし，信号源の等価回路が図 16 であったら(5)式と(9)式はどのように変形すべきか．また(6)式ではどうなるかを考えなさい．

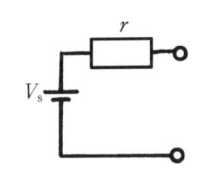

図 16　信号源等価回路

14 デジタル回路（論理回路）

目 的
デジタル回路の一般的特性を学び，その使い方の基礎を習得する．

1. 解　説

　最近の電子回路技術の発展を大別すると，2つの大きな流れに分けられる．1つはアナログ回路技術で，TV，OPアンプ，一般のオーディオ製品などの中に見ることができる．もう1つはデジタル回路技術で，その代表はコンピュータである．

　論理回路はコンピュータ（電子計算機）内で論理演算を行わせる回路をいう．そして四則演算以外の演算を論理演算という．記憶装置の情報容量の単位として用いられている「ビット（bit：binary digit）」ごとの論理和（OR），論理積（AND），比較，抽出，飛び越しなどである．2元状態を信号で表現するには，2つの状態を論理値「0」と「1」で表現する．0と1の対応の仕方で，正論理と負論理がある．たとえば高い電圧レベルをH，低い電圧レベルをLとして，この2つの状態を論理値に対応させるのに，Hを1に，Lを0に対応させるのを正論理，逆にHを0に，Lを1に対応させる場合を負論理という．

　ビットの意味は「2進法の数」であるが，情報量をビットで表す場合の簡単な例を示す．いま百円玉を机の上でころがして表が出るか裏が出るかという二者択一を数学的な記号で表すと $\log_2 2=1$ となる．これを1ビットという．また，数20は2進法で10100，12は1100，32は10100+1100=100000である．

ブール代数と真理値表

計算機や制御システムなどのデジタル機器は，論理和「OR」および論理積「AND」という基本的論理回路の組み合わせから構成されている．

この回路機能を数式的に表現するのが「ブール代数」である．

OR：出力　　　$y = A + B$
AND：出力　　$y = A \cdot B$
OR-AND：出力　$y = (A+B+C) \cdot (D+E+F)$
AND-OR：出力　$y = A \cdot B \cdot C + D \cdot E \cdot F$

A, B, C といった変数は「1」または「0」のいずれかの数であって，右辺が「真」となるか「偽」となるかによって出力 y が「1」になるか「0」になるか決まる．このブール代数の機能をダイオードのスイッチング動作で表現することができる．表1に入力 A, B に対する出力値を示した論理関数の表（これを真理値表という）を示す．たとえば，

$$A \cdot B = \overline{\overline{A} + \overline{B}}, \quad A + B = \overline{\overline{A} \cdot \overline{B}}$$

なるブール代数が恒等式であることは，表(a)の5列と7列を比較した場合，表(b)の5列と7列を比較した場合に，等式の妥当性がわかる．

論理記号と真理値表

論理回路には AND 回路（論理積回路），OR 回路（論理和回路），NOT 回

表1 ブール代数恒等式と真理値表

\(A \cdot B = \overline{A} + \overline{B}\) に対する真理値表							\(A + B = \overline{A} \cdot \overline{B}\) に対する真理値表						
(1)	(2)	(3)	(4)	(5)	(6)	(7)	(1)	(2)	(3)	(4)	(5)	(6)	(7)
A	B	$\overline{A}$	$\overline{B}$	$A \cdot B$	$\overline{A} + \overline{B}$	$\overline{\overline{A}+\overline{B}}$	A	B	$\overline{A}$	$\overline{B}$	$A+B$	$\overline{A}\cdot\overline{B}$	$\overline{\overline{A}+\overline{B}}$
0	0	1	1	0	1	0	0	0	1	1	0	1	0
1	0	0	1	0	1	0	1	0	0	1	1	0	1
0	1	1	0	0	1	0	0	1	1	0	1	0	1
1	1	0	0	1	0	1	1	1	0	0	1	0	1
(a)								(b)					

表 2 論理ゲートとその動作

MIL 記号 正論理	MIL 記号 負論理	動作表	通称
BUFFER $X = A$	$X = A$	A|X H|H L|L	バッファ・ゲート
NOT $X = \overline{A}$	$X = \overline{A}$	A|X H|L L|H	インバータ・ゲート
AND $X = AB$	INVERT−NOR $X = \overline{A+B}$	A|B|X H|H|H H|L|L L|H|L L|L|L	AND ゲート
NAND $X = \overline{AB}$	INVERT−OR $X = \overline{A}+\overline{B}$	A|B|X H|H|L H|L|H L|H|H L|L|H	NAND ゲート
NOR $X = \overline{A+B}$	INVERT−AND $X = \overline{A}\overline{B}$	A|B|X H|H|L H|L|L L|H|L L|L|H	NOR ゲート
OR $X = A+B$	INVERT−NAND $X = AB$	A|B|X H|H|H H|L|H L|H|H L|L|L	OR ゲート

路（否定回路），NAND 回路，NOR 回路がある．

表1にブール代数恒等式と真理値表を示し，表2に真理値表（動作表）と論理記号（MIL 記号）を示す．

2. 実　　験

実験課題

デジタル回路の一般的特性を学び，その使い方を習得する．

実験装置と実験手順

実 験 手 順

（1）　実験用 NAND 回路

図1は実験用の NAND 回路を示している．一般に利用されている NAND 回路は，+5Vの電源で作動する TTLIC（トランジスタが多数組み合わされてできている回路）であるが，本実験ではすべてリレー（図1の点線内，電磁石で SW を ON，OFF する）を用いた NAND 回路を使用する．これも，+5Vの電源で作動し，入，出力ともに TTL と同じに +5V，0V がそれぞれ H レベル，L レベルになっている．

A，B 端子に H または L を入力して出力を測定し，表3の真理値表の空白部分を埋めて表を完成しなさい．また，正論理（H=1，L=0 とする見方で，H レベルを能動 active とする）で考えると NAND すなわち，$\overline{A \cdot B}$ であることを確認しなさい．

（2）　INVERT-OR 回路

図1の NAND は負論理（H=0，L=1 とする見方で，L レベルを能動とする）で考えると INVERT-OR すなわち $\overline{A}+\overline{B}$ であることを確認しなさい（図2参照）．ただし，OR を作ってから NOT をする NOR 回路ではないことに注意すること．

（3）　NAND 回路の静特性

図3の回路を組み，VR を回して入力電圧と出力電圧との関係を測定する．

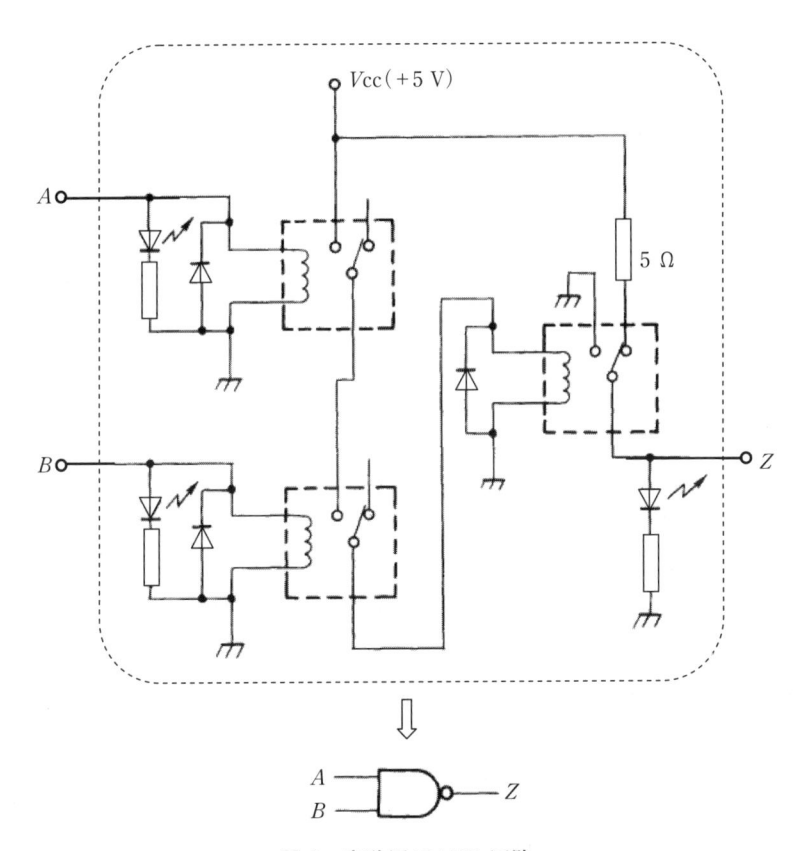

14 デジタル回路（論理回路） **225**

図1 実験用 NAND 回路

表3 NAND 真理値表

A	B	Z
L	L	
H	H	L

226 物理学実験―応用編―

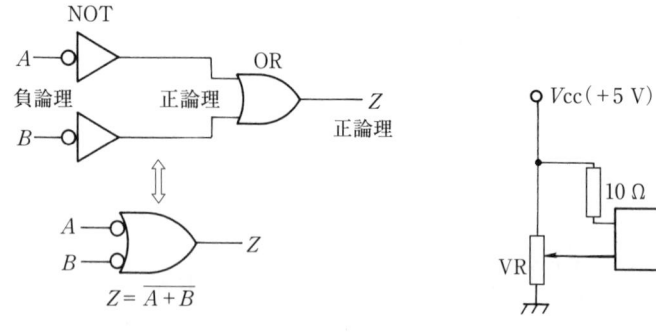

図2 INVERT-OR 回路

$Z = \overline{A} + \overline{B}$

図3 静特性測定回路

それをグラフに書き，NAND 回路の静特性を示しなさい．この場合，明確なヒステリシス特性が得られるはずである．

（4） ファンアウト（FAN-OUT）

実験用 NAND 回路が何個の論理回路の入力端子を駆動できるか（これをファンアウト数という）を実験で確認しなさい．図 4 の例では，最初の NAND は 3 個の入力端子を正しく制御でき，それ以上に接続数を増やすと誤動作を起こすので，NAND のファンアウト数は 3 となる．

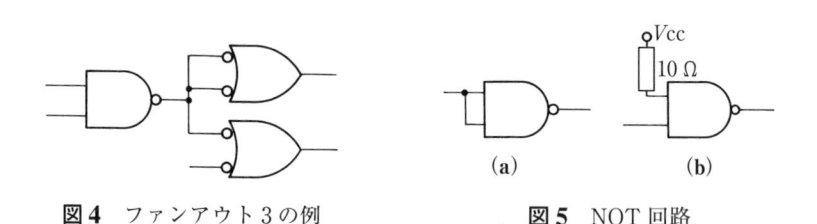

図4 ファンアウト 3 の例

図5 NOT 回路

（5） NOT 回路（INVERTER, 反転回路）

図 5 は NAND を利用した 2 種類の NOT 回路を示している．実験から，これが NOT 回路であることを示し，さらに，これら 2 つの回路の得失を考えなさい．

（6） 動作速度の測定

デジタル回路は入力がLからH，HからLと変化するとき，出力には必ず，少し遅れた信号が出てくる．すなわち，動作速度は有限である．信号の立ち上がり，立ち下がりの遅れ時間の平均値を平均伝搬遅延速度（t_{pd}）という．図6のようにNOT回路をN個（ただし，奇数個とする）縦列接続して，最終段出力を初段入力に帰還するとリング発振を起こす．その発振周波数をf_0，周期をT_0とすると，t_{pd}は

$$t_{pd} = \frac{1}{2Nf_0} = \frac{T_0}{2N}$$

で求められる．

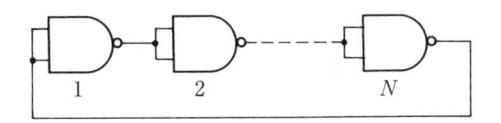

図6 リング発振回路

$N=3$のリング発振回路を組み，f_0またはT_0をオシロスコープで測定し，t_{pd}を求めなさい．ここでは，回路にリレーを使用しているので，t_{pd}は10^{-3}秒のオーダーである．通常用いられているTTLICではその値が10^{-9}秒のオーダーである．

（7） 波形整形機能

デジタル回路で取り扱う信号波形は，理想的には方形波である．NOT回路には，まるみのある信号波形を方形波になおす波形整形作用がある．

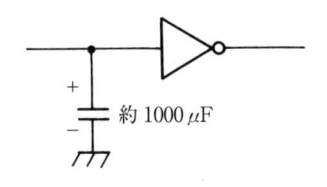

図7 波形整形

228 物理学実験―応用編―

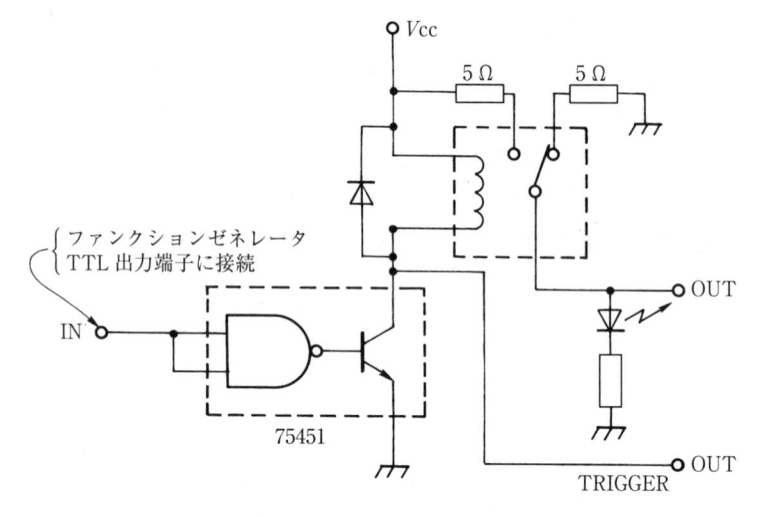

図8 信号発生回路

　図7の回路を組み，入力出力波形を二現象オシロスコープで観察しなさい．なお，入力信号の発生には，図8の信号発生回路を利用し，用いる周波数は数Hzから数＋Hzとする（TRIGGER OUT 端子を使って，オシロスコープの観察をよりよくする工夫をすること）．

（8）ディレイ回路

　入力信号（方形波）を時間的に遅らせて出力する回路をディレイ（遅延）回路という．図9の回路を組み，この回路がディレイ回路であることを観察しなさい．また，ディレイ時間は，この回路では主に何によって決まるのかを考えなさい．

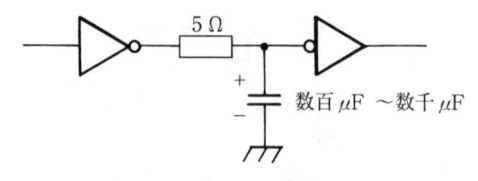

図9 ディレイ回路

（9） パルス幅の調整

NAND 回路を利用してパルス幅を広くしたり狭くしたりできる．図 10，図 11 に従って実験しなさい．

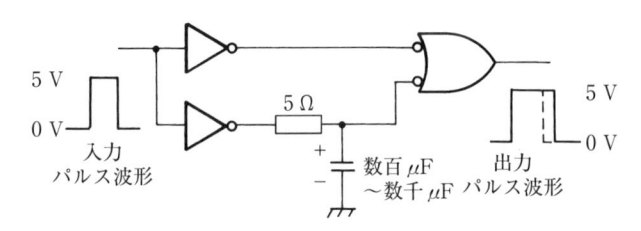

図 10 パルス幅を広くする回路

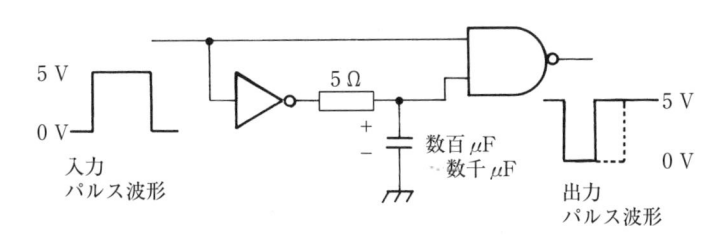

図 11 パルス幅を狭くする回路

[参考文献]
1) 岡村廸夫：解析ディジタル回路，CQ 出版（1978）
2) 白土義男：ディジタル集積回路，東京電機大学出版局（1984）

索　引

あ
アクセプタ準位……………………… 86
油回転ポンプ………………………… 5
油拡散ポンプ………………………… 6
AND 回路…………………………… 222
アンペールの法則………………190, 191

い
異常光線…………………………… 151
易動度……………………………… 87
　　　　ホール―― ……………………… 90
イマジナル・ショート……………… 213
イメージングプレート……………… 68
INVERT-OR 回路…………………… 224

う
ウルフ(Wulff)ネット……………… 52

え
n 型半導体………………………… 97
エネルギー・バンド………………… 82
円偏光……………………………… 150

お
OR 回路…………………………… 222
OP アンプ………………………… 209
オームの法則………………………87, 89
音響量子…………………………… 192

か
ガイガー-ミューラー計数管………… 25
回折因子…………………………… 139

回折関数…………………………… 63
回折格子…………………………… 138
外挿飛程…………………………… 32
ガウス分布………………………… 29
干渉顕微鏡………………………… 14
干渉性散乱………………………… 43
完全導体…………………………… 187
完全反磁性体……………………… 190
緩和時間…………………………… 190

き
幾何学的効率……………………… 40
基準球面直角三角形……………… 78
基本単位格子……………………… 46
逆格子点(hkl)…………………… 61
逆格子ベクトル…………………… 60
キャリア………………………… 84, 85
吸収曲線…………………………… 32
キュリー温度……………………… 105
キュリー(Curie)の法則…………… 104
キュリー-ワイスの法則…………… 105
強磁性体…………………………… 101
局所磁場…………………………… 105
禁制帯……………………………… 82

く
空間格子…………………………… 45
クーリッジ(Coolidge)管…………… 41
屈折率……………………………… 155
クライオスタット…………………… 91
グリューナイゼン(Grüneisen)の公式
　　………………………………… 193

グレニンガー図 …………………… 70, 72

け
結晶系 ……………………………… 45
結晶構造因子 ……………………… 63
結晶軸 ……………………………… 45
原子散乱因子 ……………………… 62

こ
交換積分 …………………………… 106
交換相互作用エネルギー ………… 106
格子定数 …………………………… 45
格子点 ……………………………… 45
格子面群(hkl) …………………… 61
ゴニオメータ ……………………… 159
固有 X 線 …………………………… 41

さ
サーチコイル ……………………… 108
サーミスタ ………………………… 125
　　──定数 ……………………… 126
　　──の熱時定数 ……………… 129
酸化物超伝導体 …………………… 187
3 端子レギュレーター …………… 205
散乱 …………………………… 43, 62
残留磁化 …………………………… 102

し
GM 計数管 ………………………… 25
磁化曲線 …………………………… 102
磁気双極子 ………………………… 101
磁区 ………………………………… 106
示差熱分析 ………………………… 117
視射角 ……………………………… 67
自然計数 …………………………… 28
自然放出 …………………………… 167

自発磁化 …………………………… 105
磁壁 ………………………………… 106
充満帯 ……………………………… 85
縮退 ………………………………… 84
常光線 ……………………………… 151
晶帯 …………………………… 52, 60
　　──軸 ……………………… 60
真空蒸着法 …………………… 1, 10
真空ポンプ ………………………… 5
真性半導体 ………………………… 86
真理値表 …………………………… 222

す
ステレオ投影 ……………………… 50
スネル(Snell)の法則 …………… 157
スリット …………………………… 133

せ
正孔 ………………………………… 85

そ
相転移温度 ………………………… 121
相転移熱 …………………………… 122
速度分布関数 ……………………… 2

た
楕円偏光 …………………………… 150
単位格子 …………………………… 45
単純単位格子 ……………………… 46

ち
超伝導 ……………………………… 187
直線偏光 …………………………… 153

て
TEM 波 …………………………… 168

索　引　**233**

DTA 曲線 ……………………… 119, 121
ディレイ回路 ……………………… 228
デジタル回路 ……………………… 221
デバイ温度 ………………………… 193
電荷のキャリア ……………………… 84
点格子 ……………………………… 45
伝導帯 ……………………………… 85

と
透過率 …………………………… 155
導管のコンダクタンス ………………… 5
ドナー準位 ………………………… 86
トムソン(Thomson)散乱 ………… 43, 62

な
NAND 回路 ……………………… 224

に
2 線源法 …………………………… 30

ね
熱陰極電離真空計 …………………… 9
熱時定数 ………………………… 129
熱伝導真空計 ……………………… 8
熱放散定数 …………………… 127, 128

の
NOT 回路 ………………… 222, 226

は
背面ラウエ法 ……………………… 66
反磁場係数 ……………………… 109
反射率 …………………………… 157
はんだ付け ……………………… 201
反転入力 ………………………… 209
反転分布状態 …………………… 167

半導体 ………………………… 81, 140
　n 型 ── ………………………… 97
　真性 ── ………………………… 86
　── レーザー …………… 140, 165, 172
　p 型 ── ………………………… 97
　不純物 ── ……………………… 86
バンド理論 ………………………… 82
汎用 OP アンプ …………………… 209

ひ
p 型半導体 ………………………… 97
光共振器 ………………………… 167
非干渉性散乱 ……………………… 43
ビット …………………………… 221

ふ
ファミリー ………………………… 50
ファンアウト ……………………… 226
フェルミ(Fermi)準位 ……………… 83
フェルミ-ディラック量子統計 ……… 84
フォノン(音響量子) ……………… 192
負帰還 …………………………… 211
不純物半導体 ……………………… 86
フラウンホーファー(Fraunhofer)回折
　………………………………… 134
ブラッグ(Bragg)の反射則 ………… 44
プラトー領域 ……………………… 26
ブラベー(Bravais)格子 …………… 45
ブリュースター角 ………………… 158
ブリュースター(Brewster)の法則
　………………………………… 158
ブリリュアン(Brillowin)関数 …… 104
フレネル(Frenel)の回折 ………… 134
ブロッホ軌道 ……………………… 82

へ

- 平均自由行程 …………………………… 3
- 平均寿命 ………………………………… 86
- 平均ドリフト速度 ……………………… 86
- 偏光 ……………………………………… 150
  - 円―― ……………………………… 150
  - 楕円―― …………………………… 150
  - 直線―― …………………………… 153
  - ――板 ……………………………… 149

ほ

- ボア(Bohr)磁子 ……………………… 103
- ポアソン分布 …………………………… 29
- ホイヘンス(Huygens)の原理 ……… 134
- ポインティングベクトル ……………… 150
- 飽和磁化 ………………………………… 102
- ポーラーネット ………………………… 52
- ホール易動度 …………………………… 90
- ホール角 ………………………………… 90
- ホール係数 ……………………………… 89
- ホール効果 ……………………………… 88
- ホール電圧 ……………………………… 93
- ボルツマン-ブロッホ方程式 ………… 193

ま

- マイスナー効果 ………………………… 187
- マクスウェル-ボルツマン
  (Maxwell-Boltzmann)統計 ……… 85
- マクスウェル-ボルツマン分布 ……… 2
- マリュー(Malus)の法則 …………… 151

み

- ミラー(Miller)指数 …………………… 48

ゆ

- 融解熱 …………………………………… 120
- 遊尺顕微鏡 ……………………………… 141
- 誘導放出 ………………………………… 165
- ユニバーサル基板 ……………………… 205

よ

- 4端子法 ………………………………… 194

ら

- ラウエ関数 ……………………………… 63
- ラウエ(Laue)の回折理論 …………… 44
- ラウエの指数 …………………………… 64
- ランダウ(Landau)の2次相転移論
  ……………………………………… 105
- ランデのg因子 ………………………… 104

り

- 立方晶の標準投影図 …………………… 52
- 履歴曲線 ………………………………… 102

れ

- レーザー …………………………… 165, 170
- 連続X線 ………………………………… 41

ろ

- ろう付け ………………………………… 201
- ロータリーポンプ ……………………… 5
- ローレンツ力 …………………………… 88
- ロンドン兄弟 …………………………… 190
- ロンドンの侵入度 ……………………… 191
- ロンドンの方程式 ……………………… 191
- 論理回路 ………………………………… 221
- 論理記号 ………………………………… 222
- 論理積 …………………………………… 221
- 論理和 …………………………………… 221

2010年3月31日　第1版発行

編者の了解により検印を省略いたします

物理学実験―応用編―

編　者Ⓒ　東京理科大学理学部第二部物理学教室

発行者　内田　　学

印刷者　山岡　景仁

発行所　株式会社　内田老鶴圃　〒112-0012 東京都文京区大塚3丁目34-3
電話（03）3945-6781（代）・FAX（03）3945-6782
http://www.rokakuho.co.jp
印刷・製本/三美印刷 K.K.

Published by UCHIDA ROKAKUHO PUBLISHING CO., LTD.
3-34-3 Otsuka, Bunkyo-ku, Tokyo 112-0012, Japan

U. R. No. 578-1

ISBN 978-4-7536-2033-3 C3042

SI 組立単位 (1)

基本単位と補助単位の乗除で表される組立単位のうち,固有の名称をもつ SI 組立単位.

量	単位	単位記号	他の SI 単位による表し方	SI 基本単位による表し方
周波数	ヘルツ (hertz)	Hz		s^{-1}
力	ニュートン (newton)	N	J/m	$m \cdot kg \cdot s^{-2}$
圧力,応力	パスカル (pascal)	Pa	N/m^2	$m^{-1} \cdot kg \cdot s^{-2}$
エネルギー, 仕事,熱量	ジュール (joule)	J	N·m	$m^2 \cdot kg \cdot s^{-2}$
仕事率,電力	ワット (watt)	W	J/s	$m^2 \cdot kg \cdot s^{-3}$
電気量,電荷	クーロン (coulomb)	C	A·s	s·A
電圧,電位	ボルト (volt)	V	J/C	$m^2 \cdot kg \cdot s^{-3} \cdot A^{-1}$
静電容量	ファラド (farad)	F	C/V	$m^{-2} \cdot kg^{-1} \cdot s^4 \cdot A^2$
電気抵抗	オーム (ohm)	Ω	V/A	$m^2 \cdot kg \cdot s^{-3} \cdot A^{-2}$
コンダクタンス	ジーメンス (siemens)	S	A/V	$m^{-2} \cdot kg^{-1} \cdot s^3 \cdot A^2$
磁束	ウェーバー (weber)	Wb	V·s	$m^2 \cdot kg \cdot s^{-2} \cdot A^{-1}$
磁束密度	テスラ (tesla)	T	Wb/m^2	$kg \cdot s^{-2} \cdot A^{-1}$
インダクタンス	ヘンリー (henry)	H	Wb/A	$m^2 \cdot kg \cdot s^{-2} \cdot A^{-2}$

SI 組立単位 (2)

量	単位	単位記号	SI 基本単位による表し方
面積	平方メートル	m^2	
体積	立方メートル	m^3	
密度	キログラム/立方メートル	kg/m^3	
速度,速さ	メートル/秒	m/s	
加速度	メートル/(秒)^2	m/s^2	
角速度	ラジアン/秒	rad/s	
力のモーメント	ニュートン・メートル	N·m	$m^2 \cdot kg \cdot s^{-2}$
電界の強さ	ボルト/メートル	V/m	$m \cdot kg \cdot s^{-3} \cdot A^{-1}$
電束密度, 電気変位	クーロン/平方メートル	C/m^2	$m^{-2} \cdot s \cdot A$
誘電率	ファラド/メートル	F/m	$m^{-3} \cdot kg^{-1} \cdot s^4 \cdot A^2$
電流密度	アンペア/平方メートル	A/m^2	
磁界の強さ	アンペア/メートル	A/m	
透磁率	ヘンリー/メートル	H/m	$m \cdot kg \cdot s^{-2} \cdot A^{-2}$
起磁力,磁位差	アンペア	A	

単位の 10 の整数乗倍の接頭語

名　称	記号	大きさ	名　称	記号	大きさ
エクサ (exa)	E	10^{18}	デ　シ (deci)	d	10^{-1}
ペ　タ (peta)	P	10^{15}	センチ (centi)	c	10^{-2}
テ　ラ (tera)	T	10^{12}	ミ　リ (milli)	m	10^{-3}
ギ　ガ (giga)	G	10^{9}	マイクロ (micro)	μ	10^{-6}
メ　ガ (mega)	M	10^{6}	ナ　ノ (nano)	n	10^{-9}
キ　ロ (kilo)	k	10^{3}	ピ　コ (pico)	p	10^{-12}
ヘクト (hecto)	h	10^{2}	フェムト (femto)	f	10^{-15}
デ　カ (deca)	da	10	ア　ト (atto)	a	10^{-18}

注　合成した接頭語は用いない．質量の単位の 10 の整数乗倍の名称は"グラム"に接頭語をつけて構成する

主な基本的定数

量	記号	値
アボガドロ数	N_A	$6.022\,136\,7(36) \times 10^{23}$ mol^{-1}
気体定数	R	$8.314\,510(70)$ J/K·mol
真空中の光速	c	$2.997\,924\,58 \times 10^{8}$ m/s
真空中の透磁率	μ_0	$4\pi \times 10^{-7}$ N/A^2
真空の誘電率	$\varepsilon_0 = 1/\mu_0 c^2$	$8.854\,187\,817 \times 10^{-12}$ C^2/N·m^2
素電荷	e	$1.602\,177\,33(49) \times 10^{-19}$ C
電子の質量	m_e	$9.109\,389\,7(54) \times 10^{-31}$ kg
電子ボルト	eV	$1.602\,177\,33(49) \times 10^{-19}$ J
万有引力定数	G	$6.672\,59(85) \times 10^{-11}$ N·m^2/kg^2
リュードベリ定数	R_H	$1.097\,373\,16 \times 10^{-7}$ m^{-1}
プランク定数	h	$6.626\,068\,96 \times 10^{-34}$ J·s
ボルツマン定数	k	$1.380\,650\,4(24) \times 10^{-23}$ J/K
ボーア半径	a_0	$5.291\,772\,09 \times 10^{-11}$ m
陽子の質量	m_p	$1.672\,621\,64 \times 10^{-27}$ kg
中性子の質量	m_n	$1.674\,927\,21 \times 10^{-27}$ kg